低氟(无氟)环保型冶金渣研究与应用

彭 军 王艺慈 著

北 京
冶 金 工 业 出 版 社
2016

内容提要

本书共分7章，首先简要介绍了冶金含氟熔渣的应用及研究现状，阐明了研究和开发新型低氟（无氟）预处理脱磷渣系、炉外精炼渣系和连铸结晶器保护渣系的必要性；然后将冶金热力学相图计算与实验相结合，对铁水预处理和炉外精炼用新型低氟（无氟）渣进行了研究开发，重点讨论了低氟精炼渣的熔化性能、对钢液的脱硫脱氧去夹杂作用、对耐火材料的侵蚀作用及其在工业生产中的应用情况；最后总结了新型低氟（无氟）连铸结晶器保护渣的理化性能，以及渣膜传热控制方面的研究成果。

本书可供科研院所和冶金企业的专业技术人员阅读，也可供高等院校冶金专业师生参考。

图书在版编目(CIP)数据

低氟(无氟)环保型冶金渣研究与应用/彭军，王艺慈著. —北京：冶金工业出版社，2016.11

ISBN 978-7-5024-7375-4

Ⅰ.①低… Ⅱ.①彭… ②王… Ⅲ.①冶金渣—无污染技术—研究 Ⅳ.①TF111.17

中国版本图书馆CIP数据核字（2016）第272986号

出 版 人 谭学余
地　　址 北京市东城区嵩祝院北巷39号 邮编 100009 电话 (010)64027926
网　　址 www.cnmip.com.cn 电子信箱 yjcbs@cnmip.com.cn
责任编辑 赵亚敏 王雪涛 美术编辑 杨 帆 版式设计 孙跃红
责任校对 禹 蕊 责任印制 李玉山
ISBN 978-7-5024-7375-4
冶金工业出版社出版发行；各地新华书店经销；固安华明印业有限公司印刷
2016年11月第1版，2016年11月第1次印刷
169mm×239mm；10.25印张；203千字；151页
48.00元

冶金工业出版社 投稿电话 (010)64027932 投稿信箱 tougao@cnmip.com.cn
冶金工业出版社营销中心 电话 (010)64044283 传真 (010)64027893
冶金书店 地址 北京市东四西大街46号(100010) 电话 (010)65289081(兼传真)
冶金工业出版社天猫旗舰店 yjgycbs.tmall.com
（本书如有印装质量问题，本社营销中心负责退换）

序

冶金企业广泛使用的铁水预处理渣、转炉渣、电炉渣、各种钢包精炼渣及连铸结晶器保护渣，渣中都含有一定量的氟化物。氟化物在改善渣的物理化学性能的同时，也加重了对冶金设备的腐蚀和对环境的污染。由于我国钢铁企业对各种冶金渣使用量巨大和国家对污染物排放限制的日益严格，降低熔渣中氟化物含量是非常必要的。当前对低氟（无氟）渣，特别是铁水预处理脱磷渣、炉外精炼渣和连铸保护渣的研究较少，且比较零散、不系统。

彭军博士和王艺慈博士多年来一直从事低氟（无氟）冶金渣研究与开发，撰写了许多篇相关的学术论文，并在国内外专业刊物上发表。在此基础上，他们系统梳理、精心总结，编写了这本《低氟（无氟）环保型冶金渣的研究与应用》。全书行文流畅，条理清楚，对铁水预处理用新型低氟渣、炉外精炼用新型低氟渣、低氟精炼渣对耐火材料的侵蚀、低氟精炼渣在工业生产中的应用、低氟（无氟）新型连铸结晶器保护渣的理化性能及无氟结晶器保护渣渣膜传热控制等问题进行了系统的阐述。

在本书中，作者针对低氟（无氟）渣的研究开发，提出了一些新的观点和方法，丰富和完善了冶金渣理论，为解决冶金渣的低氟（无氟）化问题，减轻冶炼过程中氟对环境的污染和对冶金设备的侵蚀，实现低氟（无氟）渣在冶金工业生产中的大规模应用提供了基础信息和理论依据。相信本书的正式出版，对从事冶金生产和研究领域的人们不无裨益。

北京科技大学教授，博士生导师

2016. 7. 25　于北京

前　言

目前，萤石在铁水预处理渣、炉外精炼渣及连铸结晶器保护渣中还在大量使用，其中氟元素会以气体、粉末和溶于水三种方式进入环境中，使局部环境氟含量超标并对耐火材料及其他冶金设备造成严重侵蚀。为了减少冶金渣中氟化物用量，我们从实际生产所用渣系成分出发，研究了铁水预处理渣系、炉外精炼渣系及连铸结晶器保护渣系中不同物质替代 CaF_2 后熔点和冶金效果的变化情况。

本书对低氟（无氟）环保型冶金渣进行了系统的研究和详细的阐述，主要研究了铁水预处理渣、炉外精炼渣及连铸结晶器保护渣的低氟（无氟）化问题，目的是减轻钢铁冶炼过程中因使用 CaF_2 产生的环境污染及对冶金设备的侵蚀。本书以物理化学基础理论和方法为依据，通过热力学计算并结合实验，以不同物质替代 CaF_2 形成低氟或无氟渣系，研究了替代物含量对铁水预处理过程中脱磷、精炼过程中脱硫脱氧去夹杂、精炼过程中对耐火材料的侵蚀、连铸结晶器保护渣的理化性能及结晶器与凝固坯壳间渣膜传热等方面的影响规律；最后将渣系的熔点和冶金性能进行对比，确定了 CaF_2 的最佳替代物和适用于铁水预处理、炉外精炼及连铸结晶器的低氟渣（无氟渣）组成。其中，依据低氟精炼渣系开发的改质剂已成功应用于实际生产，验证了基础研究结果的正确性。

本书内容共分 7 章，其中 1~5 章为彭军所著，6、7 章为王艺慈所著。本书两位作者均为内蒙古科技大学材料与冶金学院教师，多年来一直从事冶金领域的教学与科研工作，致力于冶金物理化学原理及冶金新工艺方面的研究，主持和参与了多项与冶金渣相关的科研课题，对冶金渣的理化性质、作用机理等做了较深入的研究。

本书的研究工作及出版得到了国家自然科学基金和上海宝钢集团公司联合资助项目（50674001）、内蒙古自然科学基金项目（20080404MS0704）、国家自然科学基金项目（51264031）和2016年内蒙古自治区教育厅高等学校科学研究重点项目（NJZZ16153）的资金支持，在此致以深深的谢意！

本书撰写过程中，参考了国内外的相关文献资料，在此特向文献作者致谢，并向在本书撰写、出版过程中给予帮助和支持的所有人员致以诚挚的谢意！希望本书的正式出版能对低氟（无氟）渣在冶金生产中的应用做出应有的贡献。

由于作者水平所限，书中疏漏和不足之处，诚望读者指正。作者将虚心接受并愿意与读者进行广泛交流。

作 者

2016年7月

目　录

1 绪　论

1.1 研究背景

近年来，我国钢铁工业发展迅速，为了优化工艺、提高钢材质量，铁水预处理、各种钢包精炼、连铸已成为越来越多的钢铁企业重要的生产手段，这就从客观上要求，铁水预处理渣系、各种钢包精炼渣系及连铸保护渣系的研究及其产品应满足我国钢铁生产的需要，所以，本书以预处理脱磷渣、炉外精炼渣、连铸保护渣为研究对象。

目前，冶金企业广泛使用的铁水预处理渣、转（电）炉渣、各种钢包精炼渣、连铸保护渣中都含有一定量的氟化物[1,2]。我国最现代化的钢铁企业宝钢，在对铁水进行脱磷预处理时，粉剂中约含氟化钙8%。连铸保护渣通常加入6%~10%的氟化物如NaF_2、CaF_2、Na_3AlF_6等作熔剂材料。熔渣在冶金过程中的作用相当重要，一个良好的渣系必须具有一定的碱度、黏度和较低的熔化温度等性质。熔渣的组分对其性质有较大的影响，熔渣的主要成分是CaO、SiO_2、Al_2O_3、FeO(Fe_2O_3)、CaF_2。在熔渣众多物理性质中，碱度和黏度是最重要的，传统的熔渣研究认为，向熔渣中加入氟化物，如CaF_2，可以降低熔渣的熔化温度、熔渣黏度、熔渣表面张力和改善熔渣的流动性，增大熔渣与金属液的接触面积，促进熔渣与金属之间反应[3,4]。然而，CaF_2易挥发、难重熔、严重侵蚀炉衬，增加冶金过程消耗，并与熔渣中的SiO_2和H_2O反应生成气体SiF_4和HF随炉气进入大气中，污染空气；而且渣中的CaF_2可以部分溶于水[5]，增加地下水中氟离子含量，对人和动植物产生危害。

目前，氟化物在熔渣中起到较重要的冶金作用，但是对低氟（无氟）渣系的研究却不多。随着我国钢铁企业对各种冶金渣的需求量不断增加和政府对绿色冶金的大力倡导，它们不利的一面越来越突出，因此，降低熔渣中的氟化物含量是非常必要的，研究、开发新型的低氟（无氟）渣系势在必行。此外，新型环保冶金渣系技术及其产品将对冶金工业节能增效、提高产品质量，实现可持续发展，具有十分重要的意义。

本书研究的目的在于降低三种渣系中的CaF_2使用量，而不影响冶金效果。对于铁水预处理渣，主要研究低氟（无氟）渣的熔化性能和脱磷效果；对于炉外精炼渣，主要研究低氟（无氟）精炼渣的熔化性能及其脱硫、脱氧、去除夹杂等精炼效果和精炼渣对钢包耐火材料的侵蚀；对于连铸保护渣，主要研究低氟（无氟）渣的熔化性能、黏度、结晶性能及连铸结晶器壁与凝固坯壳间的传热控制问题。

对于低氟（无氟）渣系的研究，主要是通过添加其他的氧化物质或增加渣中其他氧化物含量，来降低氟化物的含量，使它们在渣系中起到与氟化物同样的作用效果，同时达到减轻对设备腐蚀和环境污染的目的。

当前对低氟（无氟）渣，特别是铁水预处理脱磷渣、炉外精炼渣和连铸保护渣的研究较少，且比较零散、不系统，本书拟系统地研究预处理脱磷渣、炉外精炼渣和连铸保护渣的低氟（或无氟）化问题，通过对冶金过程中不同工位的实验和模拟，结合热力学计算，综合研究含氟渣系在氧化性较强的预处理脱磷渣系、氧化性较弱的炉外精炼渣系及连铸保护渣系中，使用不同的物质替代渣系中的氟化物后，冶金渣的基本物理化学性质及冶金效果，从而得出最佳低氟（无氟）渣配比。

1.2 冶金含氟熔渣应用及研究现状

1.2.1 氟的危害及其在冶金中的排放

1.2.1.1 氟的危害

氟是人、畜正常生长所必需的微量元素之一，适量的氟对机体牙齿、骨骼的钙化，神经兴奋的传导和酶系统的代谢均有促进作用，但氟过剩与缺乏均可导致疾病。Hirano（1996）研究证明过量氟可引起肺、肾细胞周期的改变和诱导细胞的凋亡；Maylin（1987）甚至发现氟可通过母体胎盘危及子代。

由于土壤对氟的富集与迁移，高氟水导致高氟（水溶性氟）土壤。研究表明，地下水氟含量与土壤氟含量呈正相关。土壤中的高氟使土壤微生物，抑制土壤纤维素的分解、土壤的硝化、土壤酸性磷酸酶的活性。部分植物对氟有较强的蓄积能力，高氟土壤将导致植物含氟高。研究表明，土壤氟含量与大米、茶叶的氟含量呈显著正相关，常导致粮食型和饮茶型氟中毒。高氟使其干物质积累减少、分蘖少、成穗率低、光合组织受伤、叶片坏死等[6]。

人与畜禽长期饮用高氟水或食（饲）用高氟食品（日粮）将导致急性、慢性氟中毒（简称地氟病），主要表现为患氟斑牙和氟骨症。研究表明，饮用高氟水儿童氟斑牙患病率高，且与剂量呈强的正相关；骨组织对氟有高度亲和力，总摄入量的50%被吸收，机体终生处于蓄氟状态，低剂量可刺激成骨活性增强，使骨基质形成增加，成骨作用大于破骨作用导致骨质硬化；高剂量引起骨的矿化，引起骨胶原纤维合成障碍、密度降低，导致骨质疏松。另外，高氟可使骨的代谢发生紊乱，以及骨癌发生率大大提高[7]。

高氟不但会对亲代造成多方面的危害，而且可通过胎盘屏障对子代造成各种不良影响。氟可经胎盘传给胎儿，并在胎儿的骨、心、肝、脑等器官蓄积，造成各种病理损伤，尤其氟通过血脑屏障，对子代智力产生严重影响；氟也是一种发育毒物，可抑制细胞内酶活性、DNA、蛋白的合成而影响胚胎的发育，也可危害出生个体的发育[8]。

萤石在冶金中有利的一面是降低渣的熔点、增加渣流动性和提高冶金效果，但 CaF_2 也加剧了对各种耐火材料腐蚀。连铸浇注过程中消耗的保护渣中氟化物20%~30%溶入二冷水中，使其呈酸性，造成水的污染并腐蚀铸机，降低铸机寿命[9]。

1.2.1.2 氟的排放

钢铁企业氟的排放方式有三种：氟化物气体、含氟粉尘和炉渣中的氟溶解于水中。CaF_2 在冶炼过程中可以和 SiO_2、H_2O 发生反应生成 SiF_4 和 HF 有害气体。

张金文测量了包钢炼钢厂铁水预处理时萤石加入量与气体排放量的关系[10]，测试结果见表 1-1，分析得出排氟浓度与萤石加入量呈线性关系，见图1-1。

表 1-1 预处理过程排氟浓度及排氟量

测试炉数	排氟浓度/mg · m^{-3}（标态）		排放量		
	浓度范围	浓度均值	kg/h	kg/炉	kg/(t 铁)
28	20.3~230.9	90.8	4.63	1.54	0.00223

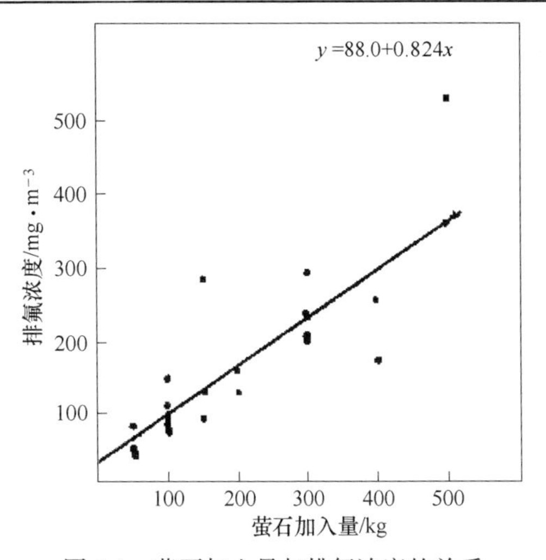

图 1-1 萤石加入量与排氟浓度的关系

赵国庆等统计了包头钢铁公司排氟量，见表 1-2[11,12]，可以看出绝大部分年限是刚好达标或超标，大气氟污染突出表现为对农牧业生产造成严重的经济损失，1990 年污染面积达到 $4024km^2$，造成生态经济系统损失 861 万元。包钢为了治理氟的排放投入了大量资金，例如烧结厂投入 1100 万元装备了一台喷淋吸收除氟设备，年运行费用高达 227 万元，每年可除氟 407.2t[13]。

炉渣中氟也可以溶于水中导致氟含量升高。Hideo Mizukami 等研究了含氟渣中氟的溶出，其研究所用渣见表 1-3[5]。

表 1-2 包头市允许排氟量和包钢排氟量

年度	包头市许可排放量/t·年⁻¹			包头市实际排氟量/t·年⁻¹			包钢钢产量/万吨
	植物生长季节	非植物生长季节	合计	植物生长季节	非植物生长季节	合计	
1993	524	868	1392	714.17	931.83	1646	308
1994	524	868	1392	669.48	715.21	1356	304
1995	434	868	1302	621.94	706.09	1359	330
1996	434	868	1302	527.20	691.80	1246	405
1997	434	868	1302	764.73	625.27	1390	422
1998	434	868	1302	698.74	580.26	1279	380

表 1-3 氟溶出实验渣成分（质量分数） %

渣号	CaF_2	CaO	SiO_2	Al_2O_3	FeO	P_2O_5	C/S
F2	1.6	46.6	25.5	5.2	1.8	5.8	1.8
F4	3.8	46.1	24.6	6.9	2.9	5.5	1.9
F6	6.2	46.0	24.4	5.5	3.0	5.7	1.9
F13	13.3	46.7	24.7	4.8	2.7	5.5	1.9

Hideo Mizukami 测量了渣颗粒、碱度、渣成分、pH 值等对氟溶出的影响见图 1-2~图 1-4[5]。实验方法为振动测试法，所用渣量为 50g，渣颗粒直径等于或小于 2.0mm，水 pH 值为 5.8~6.3，用 500mL 水，振动时间为 6h，每分钟振动 200 次。

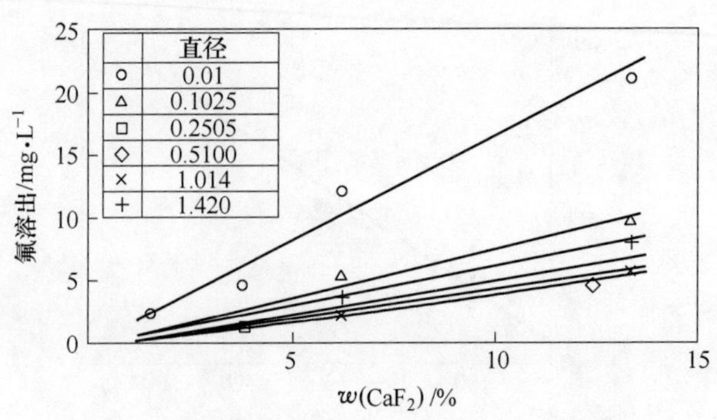

图 1-2 渣颗粒和渣中 CaF_2 含量对氟溶出的影响

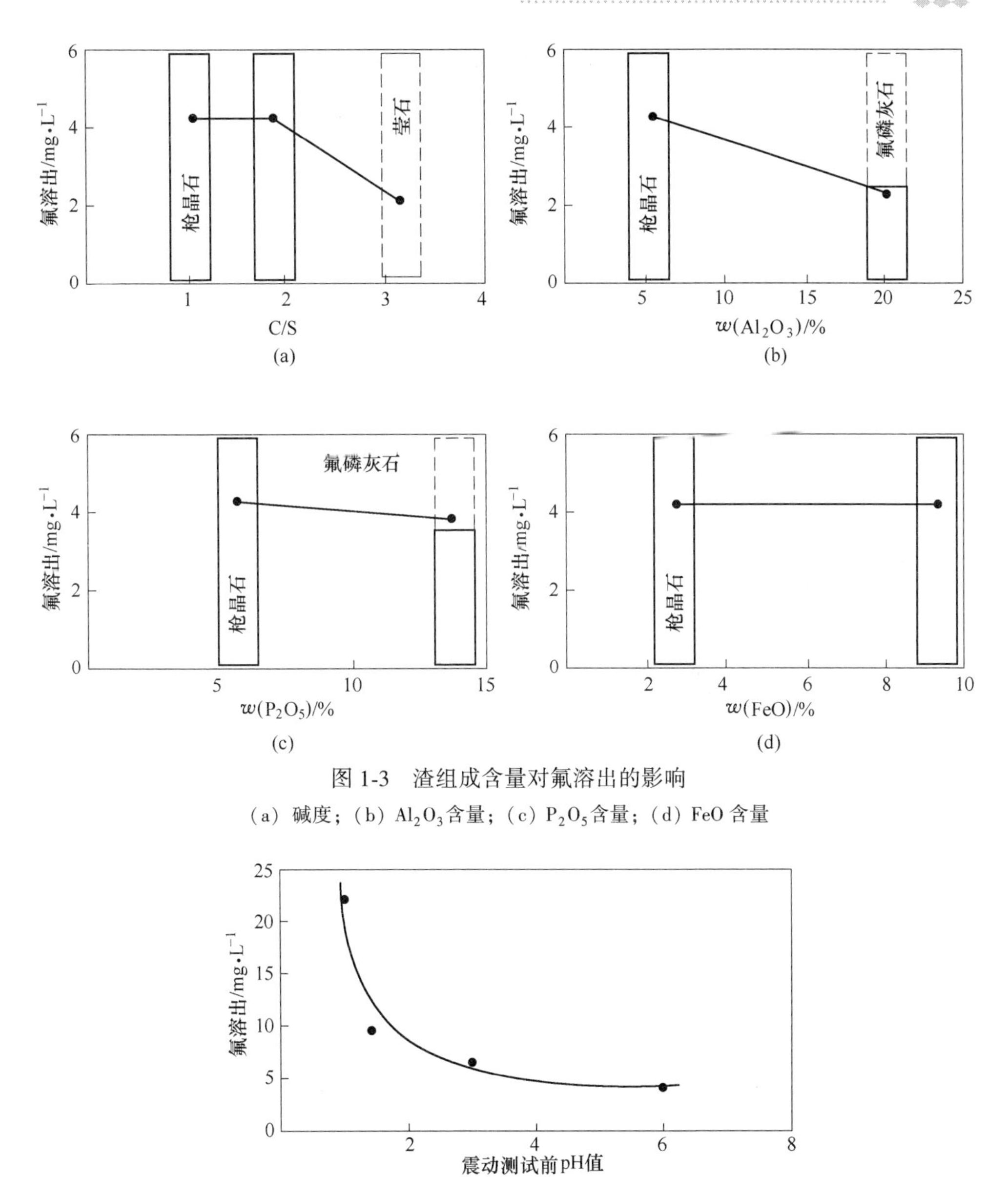

图 1-3 渣组成含量对氟溶出的影响

（a）碱度；（b）Al_2O_3含量；（c）P_2O_5含量；（d）FeO 含量

图 1-4 pH 值对氟溶出的影响

世界卫生组织（WHO）规定的饮用水中氟含量为 1mg/L[1]。由 Hideo Mizukami 测试结果可以看出，无论在何种条件下钢渣的氟溶出量都远远超标，特别是在高 CaF_2 含量、低碱度、碱性水和细颗粒条件下，甚至超标 19 倍。在我国，唐山钢厂的废水中 F^- 含量高达 10~15mg/L，使唐山陡河两岸灰岩井水氟含量逐年上升，最高值达 6mg/L[8,14]。

1.2.2 CaF_2在预处理、精炼渣及连铸保护渣中的作用

CaF_2在冶金渣中主要起到助熔和降低渣黏度的作用，因为 CaO、MgO 和 CaF_2之间存在低熔共晶，可以降低熔点，而 CaF_2熔化后电离出的 F^-可以断开 Si—O 网络键，降低黏度[15]。

从热力学方面看，有人认为氟对冶金效果影响不大[16~18]，例如 W. H. Vanniekerk 等研究了 CaF_2对 CaO 基预处理渣脱硫的影响，图 1-5 示出了 CaF_2含量和碱度对硫分配比和硫容量的影响。可见硫分配比和硫容量都与碱度呈正比关系，而与 CaF_2关系不大，CaF_2对冶金效果的影响仅在于其对渣的稀释作用，所以建议 CaF_2的用量仅需维持其熔化性即可。而在传统的连铸保护渣中，通常采用 CaF_2来降低渣的黏度和熔化温度。

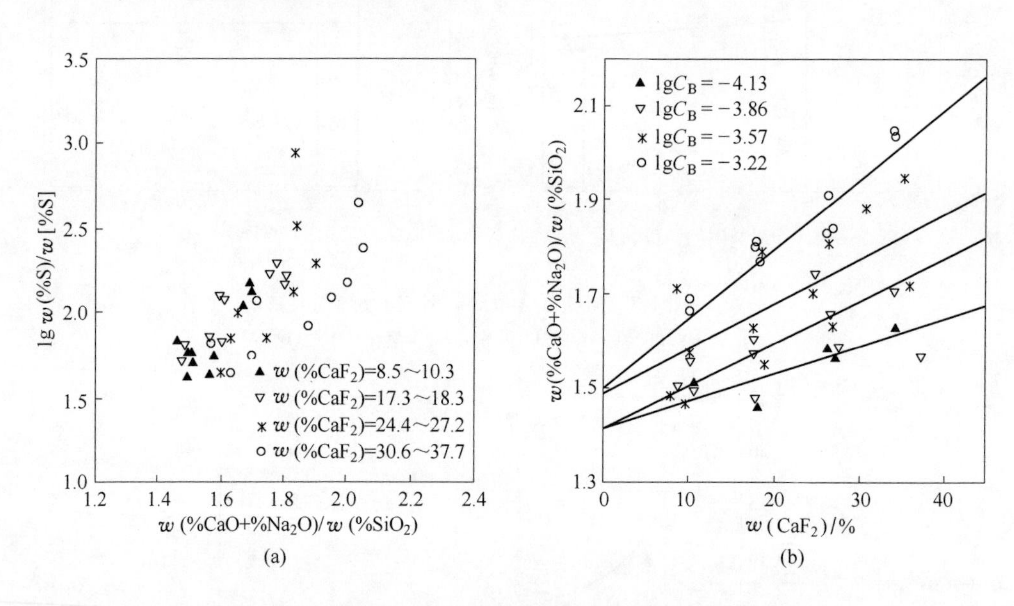

图 1-5 碱度和 CaF_2含量对硫分配比和硫容量的影响

（a）硫分配比；（b）硫容量

1.2.3 冶金熔渣应用现状

目前，炼钢过程所用到的冶金渣中含有 CaF_2的主要有铁水预处理渣和精炼渣，连铸结晶器保护渣也为含氟渣。铁水预处理脱硫一般采用喷吹钝化镁粒、CaO 和 CaF_2，而预处理脱磷则采用喷吹 CaO、CaF_2和氧化剂的方法；精炼渣广泛采用 $CaO-Al_2O_3-SiO_2-MgO-CaF_2$ 低碱度渣系；而连铸结晶器保护渣也通常以 $CaO-SiO_2-Al_2O_3-Na_2O-CaF_2$ 为基本渣系。

1.2.3.1 铁水预处理渣系

当前，许多钢铁企业设有铁水预处理脱硫装置，但只有少数几家有预处理脱磷，除上海宝钢外，有预处理脱磷的主要为不锈钢生产企业，如山西太钢不锈钢股份有限公司和酒泉钢铁集团有限公司的不锈钢生产厂。

对于铁水预处理脱硫，大部分厂家采用喷吹钝化镁或钝化石灰加钝化镁的方法，但上海宝钢和宣化钢厂预处理脱硫采用了钙基脱硫剂。对于预处理脱磷，太钢和酒钢采用钙基脱磷剂，而宝钢采用苏打(Na_2CO_3)系。

上海宝山钢铁公司在鱼雷罐中进行铁水预处理脱硫，所用的脱硫剂见表1-4。虽然可以不使用 CaF_2 和 Na_2CO_3，但从现场数据可以看出两者还是有一定的使用量。

表 1-4 宝钢铁水预处理脱硫剂 kg/t

组　成	CaC_2	CaO	CaF_2	Na_2CO_3
1	4.7	—	—	—
2	—	12.93	—	—
3	1.66	11.43	—	—
4	—	8.809	1.19	—
5	—	13.11	1.24	4.45

宣化钢铁厂铁水预处理脱硫则采用喷吹石灰和萤石的方法，其石灰和萤石的含量分别为97%和3%，其脱硫率在60%左右[19]。

大部分企业预处理脱硫采用金属镁和石灰，部分钢铁厂预处理脱硫剂见表 1-5[20~23]。可见在 CaO、Mg 混合喷吹中，CaO 用量相当高，而且渣中 CaF_2 比例都大于 10%。

表 1-5 CaO、Mg 脱硫剂配比 %

厂　家	CaO	CaF_2	Mg	C
太　钢	75	10	15	—
武钢一炼	90	—	10	—
承德钢厂	45	15	25	15
北台钢厂	75~80	20~25	—	—

山西太钢不锈钢股份有限公司用转炉生产不锈钢母液前对铁水进行预处理脱磷处理工艺为[24]：钢包顶加转炉红泥球或喷吹铁磷粉，用氮气作为载体喷吹石灰和萤石，同时顶部喷吹氧气。原设计石灰和萤石加入量分别为 19kg/t 和 3.8kg/t，经过优化后，太钢石灰用量为 13.4kg/t，萤石用量则为 2.6kg/t。优化后脱磷剂用量大大降低，但萤石所占比例略有提高。

上海宝钢如果需要预处理脱磷时，则用含 Na_2CO_3 的渣系进行同时脱磷脱硫处理，粉剂用量为：Na_2CO_3 5.3kg/t，转炉红泥 40.3kg/t。国外一些厂家预处理脱磷所用脱磷剂见表 1-6[25~30]。

表 1-6 国外一些厂家预处理脱磷所用脱磷剂 kg/t

厂家	CaO	CaF_2	轧钢铁皮	苏打	$CaCl_2$	转炉渣	铁矿石	烧结尘
川崎	10	0.4	30	0.5~9	—	—	—	—
神户	13.8	4.4	13.8	5.8	—	—	—	—
浦项	10.8	—	4.0	4.0	—	—	—	21.2
新日铁	18	2.5	28	—	2.5	—	—	—
歌山	—	5~8	—	—	—	25~33	20~24	—

可以看出，无论国内还是国外厂家，在铁水预处理阶段所用渣系中 CaF_2 和 Na_2CO_3 占有相当大比例。

1.2.3.2 炼钢渣

炼钢渣包括电炉渣和转炉渣两种。电炉冶炼的熔化期和氧化期由于 FeO、SiO_2 含量较高，渣熔点低，所以不用加入 CaF_2，但在还原期 FeO、SiO_2 含量都下降，特别是 FeO 小于 1%，CaO 含量升高，渣熔点升高，黏度增加，所以需要加入 CaF_2。由表 1-7[31,32] 可以看出电炉冶炼期间渣成分变化情况。

表 1-7 电炉渣成分 %

类别	CaO	SiO_2	MnO	FeO	MgO	Al_2O_3	P_2O_5	CaF_2	CaS	CaC_2
熔化渣	40	20	6~10	16~20	6~10	1~5	0.4~0.6	—	微量	—
氧化渣	40~50	10~20	5~10	10~25	5~10	2~4	不定	—	0.1~0.3	—
白 渣	50~55	15~20	<0.4	<0.5	<10	2~3	较少	5~8	<1	<1

现在，转炉冶炼时 CaF_2 的应用越来越少，表 1-8[33~39] 所示是一些钢铁企业转炉渣组成，可以看出由于 CaF_2 对耐火材料侵蚀严重，各企业基本不使用 CaF_2 造渣。由于铁水预处理和炉外精炼的大量应用，转炉逐步简化为一个脱碳初炼炉，所以其渣的重要性相对转炉精炼时有所下降，再加上转炉的高温、高 FeO 优势，其渣虽然为高碱度渣，但较易熔化，而且由于转炉操作的复杂性，实验室难以模拟，所以最近几年对转炉渣的研究相对较少。

表 1-8 转炉渣成分 %

企业	CaO	SiO_2	MgO	Al_2O_3	FeO	Fe_2O_3	MnO	P_2O_5	TFe
宝钢	41.42	8.74	10.79	1.04	21.58	7.66	3.03	1.66	20.81

续表 1-8

企业	CaO	SiO_2	MgO	Al_2O_3	FeO	Fe_2O_3	MnO	P_2O_5	TFe
马钢	39.74	9.12	12.27	—	18.58	—	2.13	1.75	21.32
川崎	49.5	12.8	3.9	1.66	—	—	4.0	3.93	15.71
重钢	42.53	11.11	7.82	—	11.86	13.18	—	1.62	18.53
凌钢	49.4	20.2	11.69	0.23	9.92	—	1.3	—	10.87

由此可知，炼钢炉内氟的化合物使用有一定比例，基本不使用钠的化合物，但很多企业在出钢时会加入部分 CaF_2 调渣，如济钢和南钢。

1.2.3.3 精炼渣

炉外精炼渣系根据其任务及操作条件，要求其具有低氧化性，同时具有高的硫容量、高的吸收夹杂的能力。目前无氟精炼渣已有使用，其渣系为 $CaO-Al_2O_3$ 或 $CaO-Al_2O_3-SiO_2$ 渣系，特点是低碱度、低熔点。但是也有许多企业仍然大量使用萤石造渣，表 1-9[40~45] 所示是部分钢铁企业 LF 精炼渣成分，可以看出 CaF_2 的使用还是较为普遍。

表 1-9 各厂 LF 精炼渣组成（质量分数） %

企业	CaO	Al_2O_3	SiO_2	MnO	MgO	FeO	Na_2CO_3	CaF_2	M-Al
包钢	49.3	17.7	14.9	0.22	8.6	0.80		9.1	
莱钢	50~55	6~9	16~20		7~8		2	5~8	
宝钢	60~70	10~15	3~4		1~3			2~3	2~5
鞍钢	40~50	15~35	10~20		6~8			5	
湘钢	50~58	10~15	15~20	<0.3	3~6	<1.0		7~10	
马钢	52~59	31~35	3~5	0.2~0.5	2.5~5.2	0.5~1.4			

在 RH 精炼中，为了生产低硫钢，往往需要喷粉脱硫并且取得了很好的冶金效果。国内外 RH 喷粉脱硫的粉剂主要有：石灰、石灰/萤石、石灰/萤石+CaSi、Mg、Ca、CaC_2 等。例如，远藤公一等（新日铁大分厂）在 340t RH 装置上以最大喷粉能力为 100kg/min 的喷粉系统，采用 RH-PB(IJ) 工艺，喷入 3~4kg/(t 钢)的 $CaO-CaF_2$ 粉剂，处理 25min，使耐蚀管线钢的硫含量从处理前的 20~57μg/g 降至 5μg/g 左右；Hatakeyama 等（新日铁名古屋厂）在 250t RH 装置上以最大喷粉能力为 150kg/min 的喷粉系统，采用 RH-PB(OB) 工艺喷吹 4kg/(t 钢)的 $CaO-CaF_2$ 粉剂，处理 20min，使 Si-Al 脱氧的中厚板钢硫含量从处理前的 20~30μg/g 降至 5μg/g；冈田泰和等（住友和歌山厂）则在 160t RH 装置上，采用 RH-PTB 工艺，以 100~130kg/min 的速率喷吹石灰 $CaO-CaF_2$ 粉剂 8~12min，获得了硫含量达 5μg/g（粉剂用量 5kg/(t 钢)）和 113~219μg/g(粉剂用量 8kg/(t 钢))的超低硫钢；相应的钢液初始硫含量为 30~35μg/g。

从目前各钢铁企业精炼渣来看，氟和钠的化合物还在广泛使用。

1.2.3.4 连铸结晶器保护渣

结晶器内使用保护渣，主要是控制钢液环境、防止漏钢，以求得到表面质量最佳的铸坯，其主要冶金作用为以下几个方面：（1）隔绝空气，保护钢液面不受二次氧化；（2）使钢液面绝热保温，以防止过早凝固或结壳；（3）吸收上浮夹杂，防止铸坯表面和皮下夹渣；（4）充当铸坯与结晶器间的润滑剂；（5）控制结晶器与凝固坯壳之间热量传递的速度和均匀性，使钢液的热量均匀、平稳地传给结晶器，防止因传热不均产生铸坯质量缺陷。

要很好地实现保护渣的良好作用，关键是按照钢种、断面和拉速等浇铸参数来设计合适的保护渣。现用的保护渣一般由三部分组成：基料、助熔剂和熔速调节剂。基料以 CaO-SiO_2-Al_2O_3 系的物质为基础，另外加入适量的 Na_2O、CaF_2、B_2O_3 等化合物作助熔剂，来调节熔点和黏度。传统的连铸结晶器保护渣均为含氟渣，表 1-10 列举了工业用结晶器保护渣典型的化学成分范围[46]，渣中 F^- 若折算成 CaF_2，则 CaF_2 含量为 8% ~14%。

表 1-10 结晶器保护渣典型化学成分（质量分数） %

成分	含量	成分	含量	成分	含量
CaO	25~45	Na_2O	1~20	BaO	0~10
SiO_2	20~50	K_2O	0~5	Li_2O	0~4
Al_2O_3	0~10	FeO	0~6	B_2O_3	0~10
TiO_2	0~5	MnO	0~10	F^-	4~8
C(free)	1~19	MgO	0~6		

1.2.4 冶金熔渣研究现状

1.2.4.1 铁水预处理渣和炉外精炼渣研究现状

目前预处理脱磷渣研究主要还是集中在 CaO-FeO_n-CaF_2 基础渣系上，而精炼渣则以 CaO-SiO_2-Al_2O_3 为主，不同的研究添加物有所不同，常见的添加物有 Li_2O、Na_2O、B_2O_3、BaO 等，其主要目的在于通过改变添加物的量来提高冶金效果。

对于 CaO-Al_2O_3 渣系存在一低熔共晶点，见图 1-6[47]，CaO 和 Al_2O_3 可以生成一低熔点化合物 $12CaO \cdot 7Al_2O_3$，其熔点仅为 1683K 左右，该渣系最低熔点为 1668K，此时 CaO 含量为 50.5%。

CaO-Al_2O_3 渣用于 LF 脱硫时硫的分配比与组分含量的关系，见图 1-7[48]。

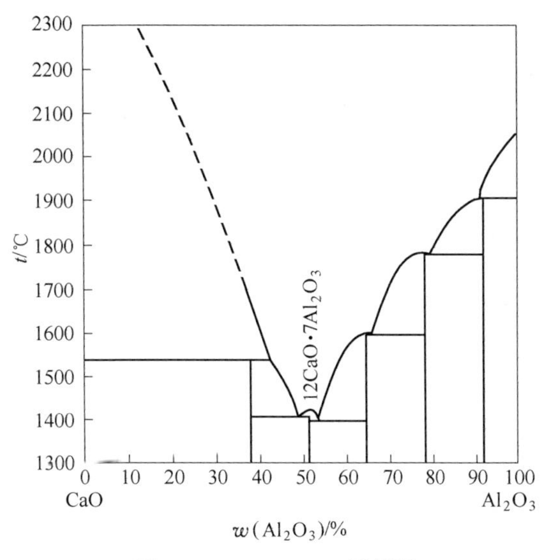

图 1-6 CaO-Al_2O_3二元相图

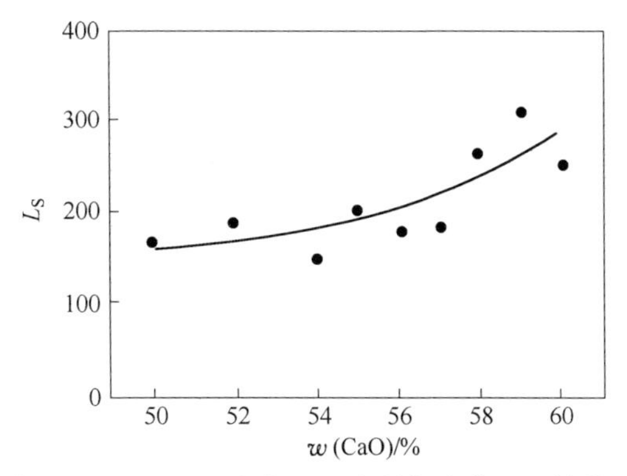

图 1-7 CaO-Al_2O_3渣中 CaO 含量与硫分配比的关系

可以看出，CaO、Al_2O_3作为精炼渣的基本组元是适当的，并且可以在保证渣熔化温度较低的情况下增加 CaO 的含量以达到高脱硫性能的要求。

有人研究了 12CaO · 7Al_2O_3精炼合成渣物性和脱硫效果[49]，用物质的量之比 n(CaO)：n(Al_2O_3)= 12：7 的原料在 1573K 烧结 30min，用于对含硫 0.045%的 40MnV 钢进行脱硫，实验结果与钡系和钙系脱硫剂对比，结果见表 1-11。研究结果表明 12CaO · 7Al_2O_3渣碱度高、流动性好，具有较高脱硫效果。

表 1-11 12CaO · 7Al_2O_3型合成渣的脱硫效果

脱 硫 剂	12CaO · 7Al_2O_3	钡系脱硫剂	钙系脱硫剂
脱硫后［S］（质量分数）/%	0.028	0.026	0.0350
脱硫率/%	38	42	22

由于埋弧的要求，渣的黏度是与渣发泡相关的一个重要参数。据有关研究指出，渣黏度在 0.25~0.45Pa · s 范围内时，有最好的发泡效果。图 1-8[20] 所示是 $CaO-Al_2O_3$渣系黏度与温度和组成的关系，可见该渣系黏度偏高。

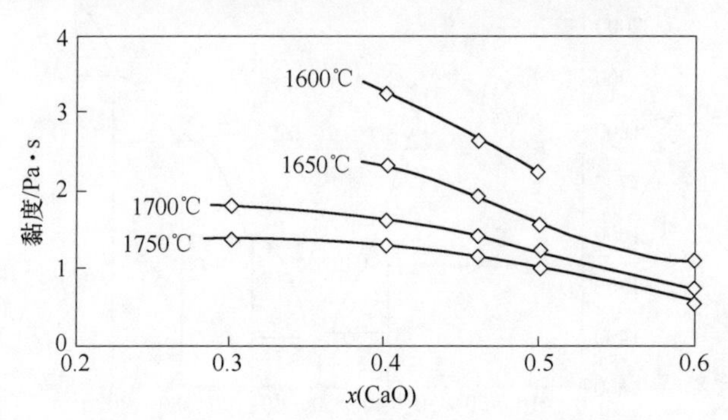

图 1-8 $CaO-Al_2O_3$渣系黏度与温度和组成的关系

E. T . Turkdogan 等人对熔融氧化物的硫容量进行了研究[50]，认为铝酸盐与硅酸盐相比，其脱硫速度和硫容量更大，可见，采用该渣系脱硫潜力很大。

在实际应用中纯 $CaO-Al_2O_3$渣系不可能存在，相对来说 $CaO-Al_2O_3-SiO_2$三元系更有实用价值。

在 CaO、Al_2O_3为主要组成的渣中加入 SiO_2可以明显降低渣的熔点和黏度，有利于精炼条件的改善。另外，SiO_2使得渣的表面张力明显下降，而且在一定浓度范围内随 SiO_2含量的增加渣的发泡性能有所增加。

$CaO-Al_2O_3-SiO_2$三元系相图见图 1-9[47]，这三种氧化物之间一共可以生成 12 个复杂氧化物，其中熔点最低的化合物还是 $12CaO \cdot 7Al_2O_3$，但是其最低共熔点小于 1473K，可见该渣系通过成分调整，从熔点方面来说，可以适应各种冶炼条件。

图 1-10[49] 所示为 $CaO-Al_2O_3-SiO_2$三元渣系的硫分配比与 SiO_2含量间关系，可以看出，渣中 SiO_2的含量变化对渣的脱硫性能影响较大，当 SiO_2超过 20%时脱硫率和硫分配比都有明显地下降，所以 $CaO-Al_2O_3-SiO_2$精炼渣中 SiO_2的百分含量不宜过大。虽然在高 CaO 范围内其硫分配比较高，但结合图 1-10 发现此时熔点偏高，所以要想利用该渣系，需要添加组元调节硫容量或熔点。

对于 $CaO-Al_2O_3-SiO_2$渣系改进的研究方法就是加入各种氧化物或碳酸盐，从而提高其冶金性能，如 Na_2O、BaO、Li_2O、B_2O_3等。Na_2O 为强碱性氧化物，其碱性比 CaO 强，很多研究[16,51] 表明渣中添加 Na_2O 能够增强预处理脱磷效果。图 1-11 显示了 Na_2O 含量与磷分配比的关系，可见 Na_2O 能够增加各种渣系的脱磷能力。

同样，在钢水二次精炼阶段，Na_2O 对抑制回磷也有很好的效果，有人研究

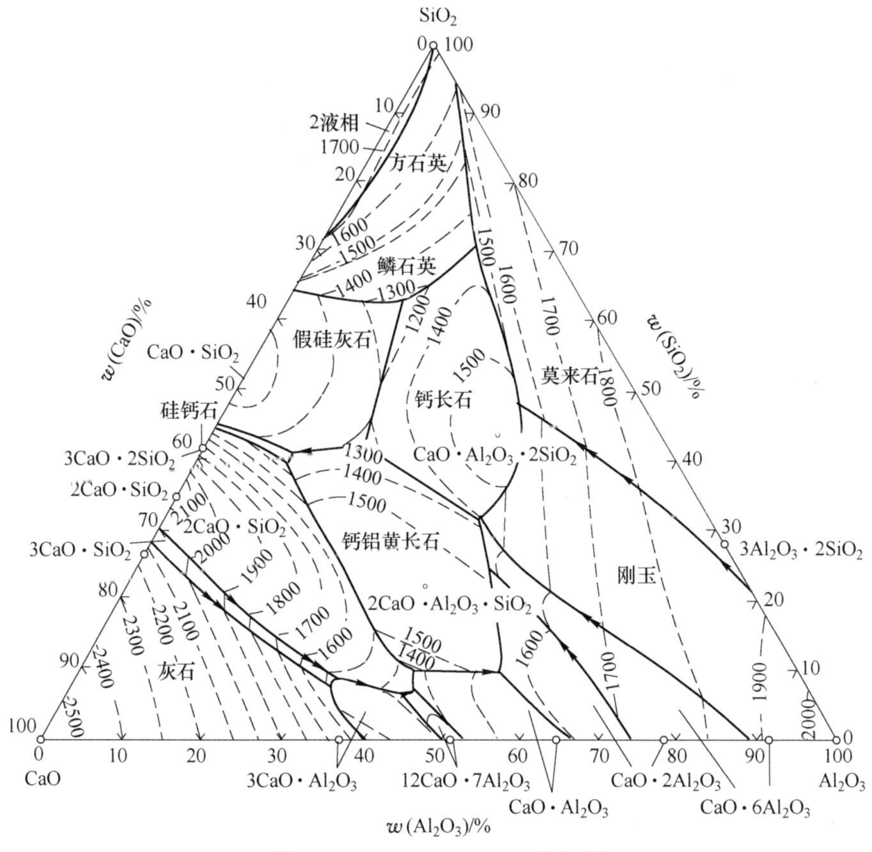

图 1-9　$CaO-Al_2O_3-SiO_2$三元相图

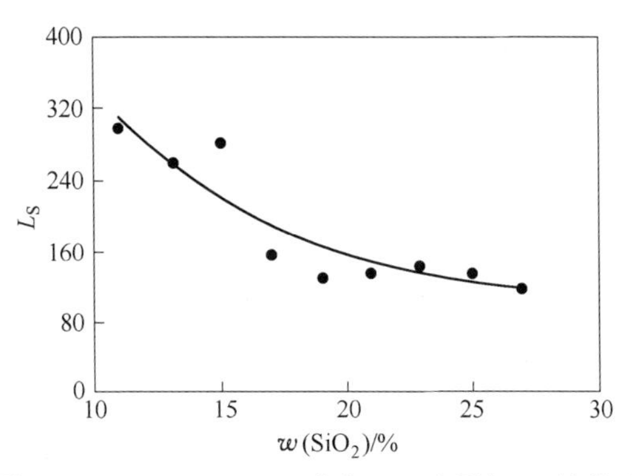

图 1-10　$CaO-Al_2O_3-SiO_2$渣中SiO_2含量与L_S的关系

了精炼渣中 Na_2O 含量和精炼终点平衡磷含量间关系[52]，见图 1-12。可见，渣中添加 Na_2O 能提高铁水预处理和钢包精炼效果。Na_2O 不但由于其强碱性提高冶炼效果，而且其熔点低，对降低熔点和黏度也有一定的贡献。图 1-13 显示了

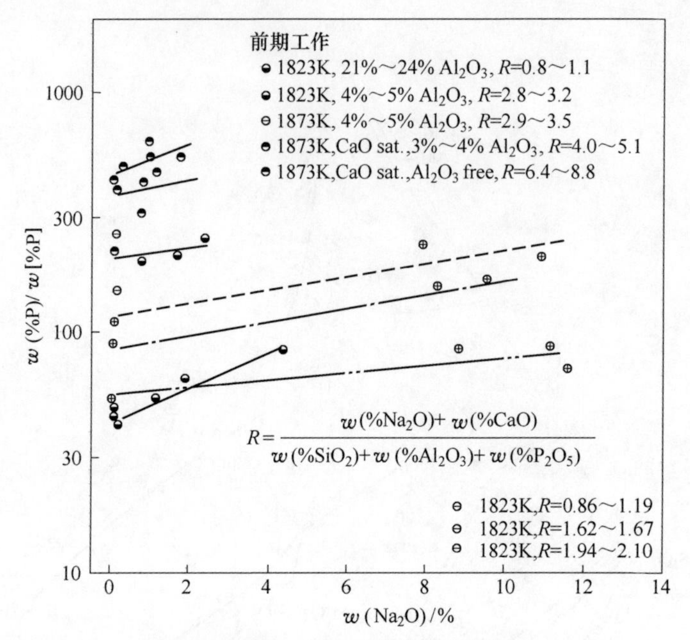

图 1-11　Na_2O 含量对磷分配比的影响

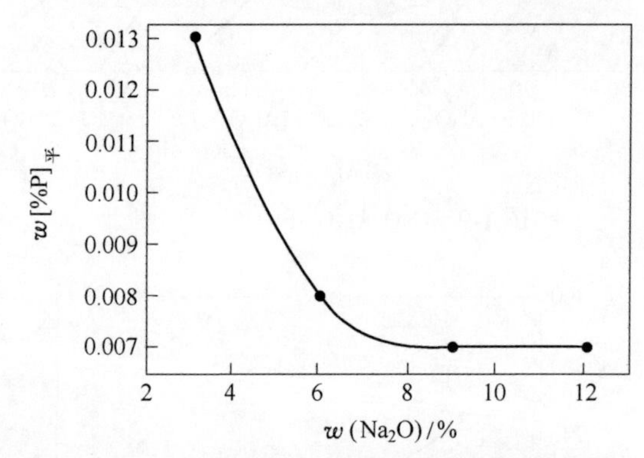

图 1-12　Na_2O 含量与钢包精炼终点磷含量间关系

Na_2O 含量对渣黏度的影响，可见在不同温度下，随 Na_2O 含量的不断升高，黏度均下降，但由于 Na_2O 强烈的挥发性和使用后极易溶于水，在冶金中应用受到限制。

由于使用 CaF_2 影响环境，B_2O_3 现在在冶金渣中的应用研究越来越多。B_2O_3 对 CaO 56%、SiO_2 22.4%、Al_2O_3 11.6%、CaF_2 10% 渣系熔点的影响见图 1-14a[53]，其中 B_2O_3 与 CaF_2 含量之和保持 10% 不变，可见 B_2O_3 的助熔性强于 CaF_2。B_2O_3 对 CaO 46%、SiO_2 11.2%、Al_2O_3 11.6%、BaO 10% 渣黏度的影响见图 1-14b[53]，其中 CaF_2 和 B_2O_3 含量之和为 21.2%，黏度变化不大。B_2O_3 熔点仅

723K，能与各种碱性氧化物生成多种低熔点复合氧化物，其降低熔点和黏度的效果比 CaF_2强。

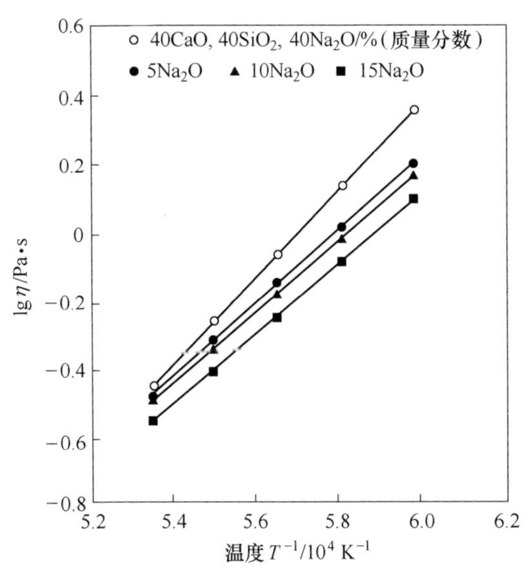

图 1-13 温度和 Na_2O 含量对冶金渣黏度的影响

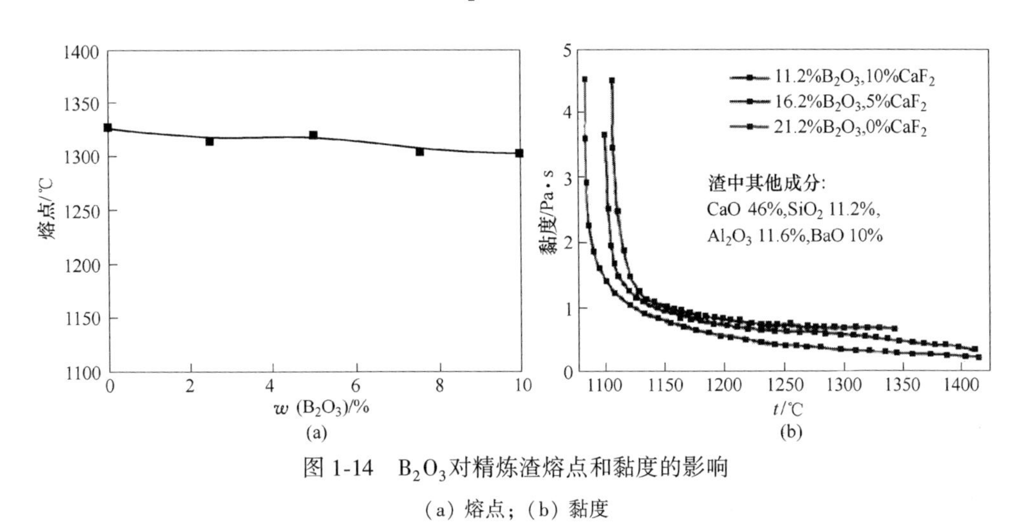

图 1-14 B_2O_3对精炼渣熔点和黏度的影响

(a) 熔点；(b) 黏度

B_2O_3虽然在改变渣的物理性能方面作用效果较好，但其为强酸性氧化物，其酸性与 SiO_2相当。1600℃时 B_2O_3对 FeO_n-CaO-$MgO_{satd.}$-SiO_2磷分配比的影响见图 1-15[54]，可见 B_2O_3替换 SiO_2后磷分配比维持不变，所有渣中添加过多的 B_2O_3会降低渣的冶金效果。

Li_2O 也是碱金属氧化物，熔点较低，其对冶金渣黏度的影响见图 1-16[55]。可见渣中添加 Li_2O 可以明显降低熔渣黏度，原因在于 Li_2O 不仅降低了渣的熔

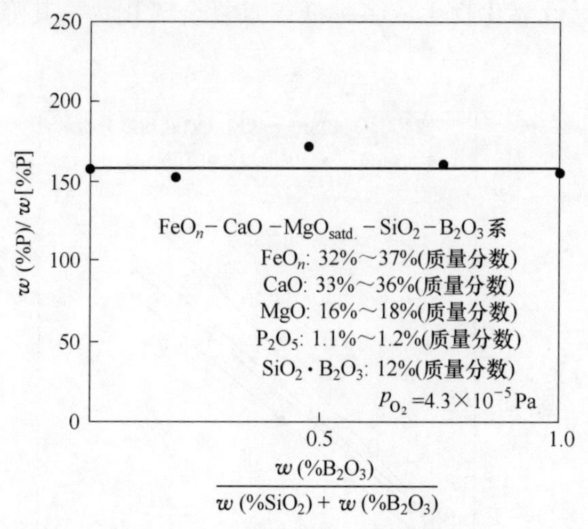

图 1-15　B_2O_3替换 SiO_2后磷分配比

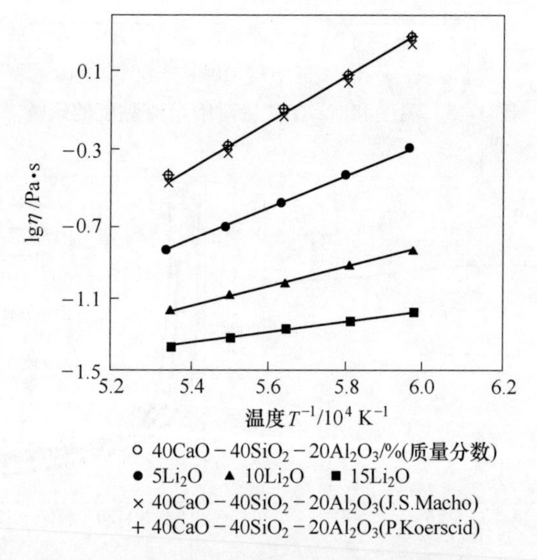

图 1-16　Li_2O 含量和温度对冶金渣黏度的影响

点，而且为碱性氧化物，其熔化电离出的氧离子可以破坏酸性氧化物形成的网络。

Li_2O 的应用研究在钢包精炼中出现得较多，而在铁水预处理阶段比较少见，Li_2O 含量对精炼阶段磷的控制见图 1-17，可见 Li_2O 改变了渣的物理特性的同时也提高了其精炼效果。

BaO 也是一种比 CaO 碱性强而熔点低的碱土金属氧化物，常出现在有关冶金渣中。由于 BaO 和 CaO 性质接近，所以常被用来替代部分 CaO。BaO 替代

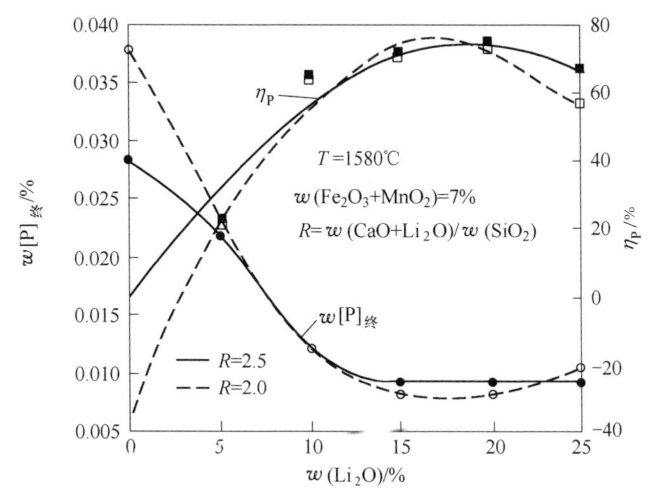

图 1-17 Li_2O 含量与精炼期间磷含量关系

CaO 后熔点和黏度变化情况见图 1-18[53]，可见 BaO 替代 CaO 能够降低渣熔点和黏度。

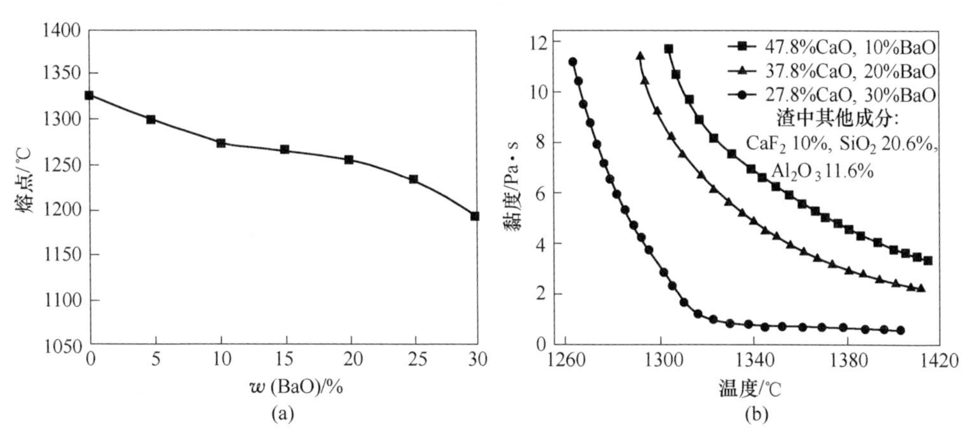

图 1-18 BaO 替换 CaO 后对精炼渣熔点和黏度的影响

（a）熔点；（b）黏度

由于 BaO 碱性较 CaO 强，BaO 替代 CaO 后冶金效果也会有所提高。图 1-19[56]示出了 BaO 含量对磷容量的影响，可见不论 SiO_2 含量在什么范围，随 BaO 含量的增加磷容量都明显提高。

虽然 Li_2O、BaO、B_2O_3等氧化物可以达到降低熔点提高冶金效果的目的，但是当前许多研究者在研究精炼渣时，往往添加少量 CaF_2或 Na_2CO_3等对环保不利的物质。

从上面的文献可以看出，目前预处理脱磷渣和精炼渣的研究主要集中在冶金效果提高方面，在冶金渣研究中仍大量存在 CaF_2、Na_2O 等有害物质。

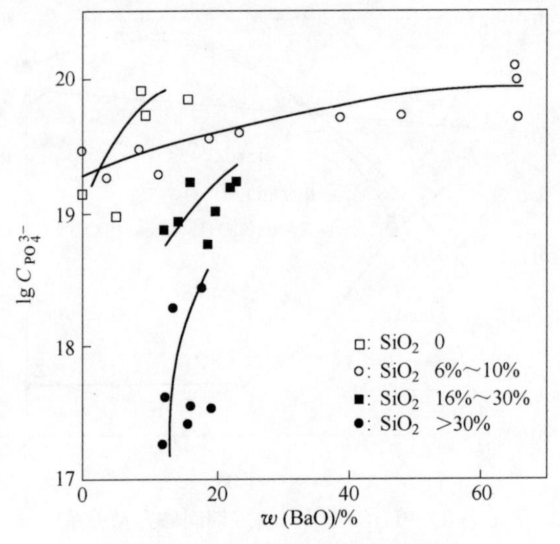

图 1-19 BaO 含量与磷容量的关系

1.2.4.2 连铸结晶器保护渣研究现状

传统的连铸保护渣均为含氟渣，通常采用 CaF_2、Na_2O 等助熔剂来降低保护渣的黏度和熔化温度。

随着现代连铸向着大断面、高拉速方向发展，相应要求保护渣的性能满足高速连铸，因为保护渣的性能取决于保护渣的成分，按照常规拉速保护渣设计思想，靠加大渣中 CaF_2、Na_2O 等熔剂含量可获得较低的黏度和熔化温度，但 CaF_2 过多，在熔渣进入结晶器的冷却过程中常常引起枪晶石($3CaO \cdot 2SiO_2 \cdot CaF_2$)和钙铝黄长石($2CaO \cdot Al_2O_3 \cdot SiO_2$)等高熔点物质的析出，从而破坏熔渣的玻璃性，使润滑条件恶化；Na_2O 过多，不仅会促进霞石($Na_2O \cdot Al_2O_3 \cdot 2SiO_2$)析出，对结晶器和铸坯间的润滑造成不良影响，还会使结晶器保护渣黏附于钢坯表面，结晶硬化后不易剥离，被拉辊压入表层下形成表面夹渣，影响薄板材的质量。因此，高 F^-、高 Na_2O 的保护渣无法满足高速连铸的需要。

此外，连铸保护渣是连铸工艺氟的主要来源，氟的化合物绝大多数有毒，保护渣在熔化过程中，一部分以气体形式挥发，另一部分以“渣衣”形式进入二冷水和轧钢系统，污染空气和水源，破坏臭氧层，腐蚀设备，并对人体造成伤害。

因此，必须开发低氟（无氟）保护渣来满足高速连铸的需要，关键是寻求新的保护渣添加剂来降低渣的熔点和黏度，改善渣的玻璃化特性，避免高熔点晶体的析出。

目前关于无氟保护渣的研制应用报道还不多见，特别是应用于高速连铸的无氟保护渣，更未见相关报道，因此，这是保护渣领域的一个新课题。

开发无氟保护渣仍以 $CaO-SiO_2-Al_2O_3$ 为基本渣系。张传兴早已对该三元渣系的平衡状态图做过分析[57]，见图 1-20，认为 A 点虽共熔温度较低（1170℃），但 CS、CAS_2、SiO_2 三个初晶区液相面较陡，组成对熔化温度反应敏感，随着 Al_2O_3 含量的增加，熔点提高较快（达 1400℃），致使熔渣聚合成块，失去应有的性能，且在 $CS-CAS_2-SiO_2$ 副三角形中，SiO_2 含量高，熔渣黏度大，不易调节，故不适合作连铸用保护渣组成点。而 B 点共熔温度虽高（1265℃），但 CS、CAS_2、C_2AS 三个初晶区中液相面均比较平缓。CS 初晶区内，随 Al_2O_3 含量的增加，熔点降低；CAS_2、C_2AS 初晶区内，随 Al_2O_3 含量的增加，熔点升高缓慢。这表明 B 点组成有较大的 Al_2O_3 容纳量，加之 SiO_2 含量低，黏度低，便于调节，故 B 点组成可作为保护渣组成点。因为熔渣在结晶器内会吸收上浮到钢液表面的 Al_2O_3 夹杂，从而使其中 Al_2O_3 含量有所增加，因此，应选择 $CaO-SiO_2-Al_2O_3$ 渣系中的 B 点组成作为保护渣的基本组成，CaO、SiO_2、Al_2O_3 这三种基本成分占保护渣全部组成的 80%左右，是形成保护渣性能的重要组成部分。

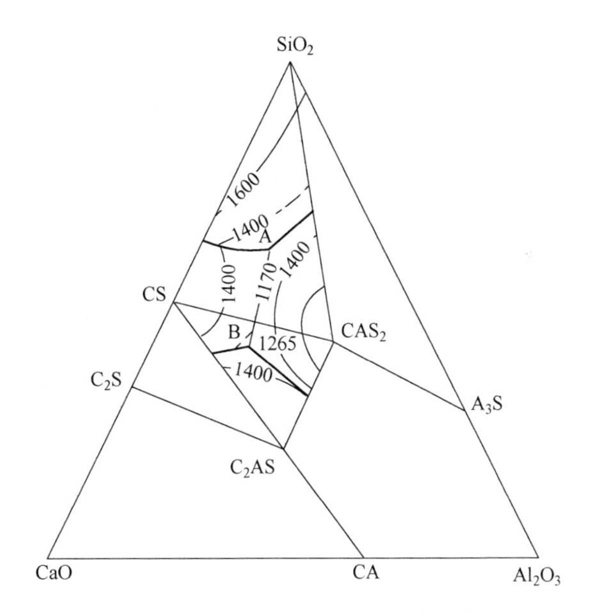

图 1-20 $CaO-SiO_2-Al_2O_3$ 渣系平衡状态图

无氟保护渣基本成分确定之后，因 $CaO-SiO_2-Al_2O_3$ 渣系中的 B 点组成熔点较高，黏度也较高，无法满足连铸，特别是高拉速连铸的要求，张传兴认为，向该渣系中加入碱性氧化物作为黏度调节剂可研制出连铸用无氟保护渣。

为满足高速连铸保护渣低熔点、低黏度、低结晶温度的要求，在寻找氟的替代熔剂方面，冶金领域的科技工作者们做了大量的研究工作，认为 B_2O_3、Li_2O、BaO、MgO 等是比较理想的氟的替代熔剂。

用酸性氧化物B_2O_3取代氟化物作助熔剂，因为B_2O_3熔点很低（450℃），在熔渣中以网络形式存在，不仅可降低保护渣的熔点，而且还使物质结构松散，降低保护渣黏度，抑制高熔点物的析出，促进保护渣的玻璃化，同时，也减轻了保护渣的分熔倾向并能提高Al_2O_3在渣中的饱和浓度[58]。有研究指出[59]，当B_2O_3加入量在10%以下时，每增加1% B_2O_3，可降低熔化温度约25℃，但加入量超过10%后，对熔化温度的影响变小。朱立光[60]从黏度特性的角度探讨了研制无氟保护渣的可能性，认为通过向保护渣中添加一定量的Li_2O、B_2O_3，可以得到良好的熔化特性，可得到高速连铸保护渣需要的稳定性较高的低黏度特性。

Li_2O是一种理想的助熔剂，保护渣中加入Li_2O能同时降低保护渣的黏度、熔化温度及改善保护渣的玻璃性能。文献［61，62］表明，即使渣中Li_2O含量低时，对熔化温度也有较大的影响，其降低熔化温度的能力强于Na_2O、B_2O_3、CaF_2等。文献［63］指出，随Li_2O增加，保护渣熔化温度大幅度降低，每增加1%，熔化温度降低约60℃，但随着Li_2O的增加，熔渣结晶率增加。分析其原因是因为Li_2O离子半径很小，原子核外电子排斥力弱，离子移动的位阻很小，结晶时离子容易重组所致。故Li_2O的少量加入可以降低保护渣的结晶温度，但大于3%或4%时，结晶温度上升，结晶率增大[64]。此外，因我国Li_2O资源匮乏，价格高，从降低保护渣的成本考虑，将其大量用于连铸保护渣也是很不经济的。

BaO是离子晶体结构，其熔点（1926℃）取决于晶体质点间晶格能，BaO还与保护渣中其他组元形成低熔点化合物，其不仅可降低保护渣熔点，还能提高保护渣吸收Al_2O_3、TiO_2等夹杂物的能力，防止钙铝黄长石及霞石析出，改善熔渣的玻璃性能。因此，王谦、迟景灏等[65]认为从熔渣玻璃性的角度寻找保护渣中Li_2O的代用物BaO是可行的。国外调查了保护渣中BaO含量对其凝固温度的影响[66]，在$w(CaO)/w(SiO_2)=1.06$，$w(Al_2O_3)=5\%\sim6\%$，$w(Na_2O)=15\%$，$w(F)=8.6\%$，$w(MgO)=0.8\%$的保护渣中添加0~25.4%BaO，在$w(CaO)/w(SiO_2)$一定或$w(CaO+BaO)/w(SiO_2)$一定条件下，随着渣中BaO含量的增加，该保护渣凝固温度均降低，尤其是$w(CaO+BaO)/w(SiO_2)$一定时，凝固温度降低幅度更大。研究结果表明，低凝固温度可增加保护渣膜厚度，从而改善润滑，降低摩擦力。

MgO作为一种助熔剂，也可降低保护渣的熔化温度和黏度。文献［61］报道了Li_2O、MgO和MnO对保护渣熔化温度的影响，见图1-21。MgO质量分数在0~4.4%范围内变动时，随MgO质量分数的增加，保护渣熔化温度降低，但对熔化温度的降低效果不及Li_2O显著。文献［67］研究了MgO对保护渣黏度的影响，认为MgO加入量低于9%时，黏度随MgO含量的增加而降低，当加入量大于9%时，黏度将随MgO含量的增加而升高。

从以上文献可以看出，目前对连铸结晶器保护渣的研究主要集中在寻找氟的

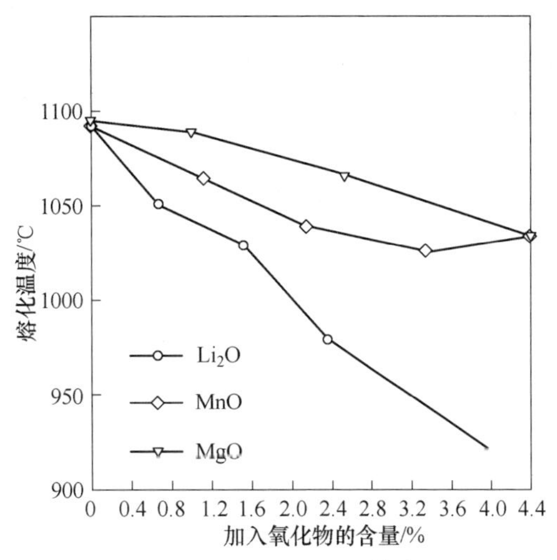

图 1-21 部分熔剂对保护渣熔点的影响

替代熔剂方面，目的是使开发的无氟（低氟）渣的黏度、熔化及结晶性能等能够与含氟渣相当。

1.3 研究目的和主要内容

1.3.1 研究目的

冶金企业广泛使用的铁水预处理渣、转炉渣、电炉渣、各种钢包精炼渣及连铸结晶器保护渣中都含有一定量的氟化物。向熔渣中加入氟化物，如 CaF_2，可以降低熔渣的熔化温度、黏度、表面张力和改善熔渣的流动性，增大熔渣与金属的接触表面积，促进熔渣与金属之间反应[3,4]。然而，CaF_2 在改善渣的物理化学性能的同时也加重了对冶金设备的腐蚀和对环境的污染，CaF_2 与熔渣中的 SiO_2 和 H_2O 反应生成气体 SiF_4 和 HF 进入大气中，对大气造成污染，渣中的氟部分溶于水中，对水体造成污染，危及动植物的生命。随着我国钢铁企业对各种冶金渣的需求量不断增多和政府对排放的限制越来越严格，它们不利的一面将表现得越来越突出，因此，降低熔渣中氟化物含量是非常必要的。本书研究的目的在于研究和开发新型低氟（无氟）预处理脱磷渣系、炉外精炼渣系和连铸结晶器保护渣系，以减少冶炼和其后续过程对环境的危害。

1.3.2 主要研究内容

在对大量国内外文献进行调研的基础上，确定如下研究内容：

(1) 铁水预处理用新型低氟（无氟）预处理脱磷渣研究，主要是研究替代物对脱磷渣熔点和预处理脱磷效果的影响；

（2）炉外精炼用新型低氟（无氟）精炼渣研究，主要是进行替代物对精炼渣熔点、脱硫、脱氧和去除夹杂等冶金性能的研究；

（3）新型低氟（无氟）炉外精炼渣对钢包耐火材料侵蚀的研究；

（4）新型低氟（无氟）炉外精炼渣工业实践应用；

（5）新型低氟（无氟）连铸结晶器保护渣理化性能研究；

（6）无氟结晶器保护渣渣膜传热控制研究。

2 铁水预处理用新型低氟渣研究

铁水预处理的主要功能是对铁水进行脱磷、脱硫处理，其中主要矛盾为铁水脱磷，为此本章以铁水预处理脱磷低氟渣为研究对象。预处理脱磷渣主要由氧化剂、固定剂和助熔剂组成。工业生产中氧化剂一般为氧气加烧结矿粉、氧化铁皮或转炉烟尘（转炉红泥尘），固定剂一般采用钝化石灰粉，以减轻石灰吸潮结块、增加石灰的气体输送性能，助熔剂为 CaF_2。例如太原不锈钢厂铁水预处理脱磷设计容量为70t，预处理脱磷剂为：石灰 13.4kg/t、转炉红泥球 10kg/t、萤石 2.6kg/t，氧气 $10m^3/t$，其中 CaF_2含量为10%；上海宝钢预处理脱磷渣组成为 CaO 40%、Fe_2O_3 52%、CaF_2 8%。一定量的 CaF_2作为助熔剂长期而广泛地被使用，然而 CaF_2在冶炼时可以和 SiO_2或 H_2O 反应生成 SiF_4或 HF 气体挥发，危害操作人员健康和破坏环境；渣中的氟可以部分溶于水中，造成高氟水和高氟土壤，危及动植物和人身安全，而且对耐火材料还有较为严重的侵蚀，所以本章研究开发低氟铁水预处理脱磷渣系。

CaF_2在渣中主要起助熔作用，即降低渣的熔点、改善渣的流动性。从相图[19]可以看出，CaF_2与渣中组分很少形成低熔点化合物，而是发生共晶降低熔点。降低熔点不仅可以通过共晶来实现，也可以通过形成低熔点化合物来实现，而且低熔点化合物还可以再发生共晶反应进一步降低熔点。白云石是转炉造渣的常用原料，其高温分解将生成 CaO 和 MgO。由相关相图可以看出，少量 MgO 可以降低渣的熔点，增加渣的流动性；Al_2O_3在冶金中大量使用，Al_2O_3能与 CaO 形成一系列低熔点化合物，而且各化合物间可以发生低熔共晶反应，对熔点有较显著的影响。当前关于 B_2O_3和 Li_2O 在冶金中的应用研究越来越多[68~72]，两者的熔点都较 CaF_2低，特别是 B_2O_3熔点仅 723K，它们可分别与渣中碱性和酸性物质形成低熔点化合物，对降低熔点有利，文献显示它们对精炼渣的熔点和黏度的降低作用等于或大于 CaF_2。故本章选取白云石、Al_2O_3、B_2O_3和 Li_2O 替代 CaF_2，研究替代后渣的熔化特性，在此基础上选取预处理脱磷实验渣系，通过对预处理脱磷实验结果分析选取预处理渣中 CaF_2的最佳替代方案。

2.1 低氟铁水预处理渣熔化性能的研究

2.1.1 实验

2.1.1.1 实验方案

以宝钢的预处理脱磷渣为基础渣系，其组成为 CaO 40%、Fe_2O_3 52%、CaF_2 8%。

实验中固定 CaO 和 Fe_2O_3 含量不变，分别用白云石、Al_2O_3、B_2O_3 和 Li_2O 取代 CaF_2，替代物含量和 CaF_2 含量之和为 8%，具体配料见表 2-1。

实验原料采用化学试剂，工业应用时均使用工业原料，由于两种原料纯度存在一定差异，所以在选取 Al_2O_3 替代 CaF_2 的几组实验中，采用工业原料做重复实验，研究两种原料条件下熔点的差别，为工业应用提供有用的数据。

表 2-1 实验渣配比 %

No.	CaO	Fe_2O_3	CaF_2	白云石	Al_2O_3	No.	CaO	Fe_2O_3	CaF_2	B_2O_3	Li_2O
1	40	52	8	0	—	18	40	52	7	1	—
2	40	52	7	1	—	19	40	52	6	2	—
3	40	52	6	2	—	20	40	52	5	3	—
4	40	52	5	3	—	21	40	52	4	4	—
5	40	52	4	4	—	22	40	52	3	5	—
6	40	52	3	5	—	23	40	52	2	6	—
7	40	52	2	6	—	24	40	52	1	7	—
8	40	52	1	7	—	25	40	52	0	8	—
9	40	52	0	8	—	26	40	52	7	—	1
10	40	52	7	—	1	27	40	52	6	—	2
11	40	52	6	—	2	28	40	52	5	—	3
12	40	52	5	—	3	29	40	52	4	—	4
13	40	52	4	—	4	30	40	52	3	—	5
14	40	52	3	—	5	31	40	52	2	—	6
15	40	52	2	—	6	32	40	52	1	—	7
16	40	52	1	—	7	33	40	52	0	—	8
17	40	52	0	—	8						

2.1.1.2 实验原料及设备

实验中以白云石为粉状工业原料，其他用粉状分析纯化学试剂配制，其纯度：$w(CaO)\geqslant 98\%$，$w(Fe_2O_3)\geqslant 99\%$，$w(B_2O_3)>98\%$，$w(Al_2O_3)>98\%$，

$w(CaF_2) \geqslant 98.5\%$，$Li_2O$ 用折算后的 Li_2CO_3 配制（$w(Li_2CO_3) \geqslant 98\%$）。

实验用 SHANGPING 公司生产的精度为 0.001g 的 JA2003N 型电子天平称量。熔点测试实验设备为东北大学研制的 RDS-05 全自动熔点测定仪，该熔点熔速测定仪采用计算机测控、电子摄像技术。

2.1.1.3 实验过程

具体实验过程如下：

（1）将原料在 573K 下烘 1h，之后用 0.074mm（200 目）的筛子筛选 0.074mm（200 目）以下的粉末。

（2）按照设计的预处理脱磷剂配比进行称取，并在研钵内研磨 30min 混匀。

（3）加适量浆糊（约 6%）制备 ϕ3mm×3mm 的圆柱形试样，并在常温下阴干 24h。

（4）采用熔点测定仪测定熔点，每种配料重复测量三次，取平均值。

在熔点测试过程中，预计熔点在 1273K 以上，炉温高于 1273K 后选取升温速度为 4.5K/min，1273K 时将试样放入炉内，以半球点作为熔点。

2.1.2 实验结果及分析

（1）Al_2O_3 替代 CaF_2 对预处理渣熔点的影响。固定渣中 Fe_2O_3 含量为 52%，CaO 为 40%，用 Al_2O_3 替代 CaF_2，并且两者之和为 8%，测定熔渣的熔点，实验结果见表 2-2。

表 2-2 Al_2O_3 替代 CaF_2 对脱磷剂熔点的影响

序号	$w(CaF_2)/\%$	$w(Al_2O_3)/\%$	$w(Fe_2O_3)/\%$	$w(CaO)/\%$	熔点/K			
					1	2	3	平均
1	8	0	52	40	1487	1506	1506	1500
2	7	1	52	40	1520	1509	1519	1516
3	6	2	52	40	1528	1544	1531	1534
4	5	3	52	40	1577	1539	1539	1552
5	4	4	52	40	1578	1565	1545	1563
6	3	5	52	40	1559	1576	1565	1567
7	2	6	52	40	1550	1557	1586	1564
8	1	7	52	40	1571	1554	1556	1560
9	0	8	52	40	1574	1544	1567	1562

由表 2-2 可见，以 Al_2O_3 替代 CaF_2，在 CaF_2 含量小于 4%时，熔点小幅度上升，之后熔点基本保持不变。Al_2O_3 含量从 1%～8%变化过程中熔点都保持在一

个较低水平，表明从熔点方面来说用 Al_2O_3替代 CaF_2是可取的。

（2）白云石替代 CaF_2对预处理渣熔点的影响。固定渣中 Fe_2O_3含量为52%，CaO 为40%，用白云石替代 CaF_2，并且两者之和为8%，测定熔渣的熔点，实验结果见表2-3。

表2-3　白云石替代 CaF_2对脱磷剂熔点的影响

序号	$w(CaF_2)$/%	白云石/%	$w(Fe_2O_3)$/%	$w(CaO)$/%	熔点/K			
					1	2	3	平均
1	8	0	52	40	1487	1506	1506	1500
2	7	1	52	40	1527	1522	1515	1521
3	6	2	52	40	1527	1530	1538	1532
4	5	3	52	40	1542	1530	1531	1534
5	4	4	52	40	1553	1550	1544	1549
6	3	5	52	40	1567	1584	1579	1577
7	2	6	52	40	1612	1614	1603	1610
8	1	7	52	40	1628	1621	1633	1627
9	0	8	52	40	1664	1678	1686	1676

由表2-3可见，以白云石替代 CaF_2，当 CaF_2含量由8%下降到4%时，熔点缓慢上升，CaF_2含量由3%下降到0时，渣熔点升高较快。白云石（$MgCO_3 \cdot CaCO_3$）分解为 CaO 和 MgO，其中渣中 CaO 含量增加会使熔点上升，而少量的 MgO 则与 Fe_2O_3生成低熔点的 $MgO \cdot Fe_2O_3$或与 CaO 低熔共晶使渣熔点降低。8%的白云石完全分解后渣中 MgO 含量为2.14%，其对熔点下降贡献较小，所以 CaF_2含量较低时渣的熔点上升较快。由实验数据可以看出，只有在铁水温度较高时白云石才能全部取代 CaF_2，所以从熔点方面考虑，白云石取代 CaF_2后渣的熔点偏高。

（3）B_2O_3替代 CaF_2对预处理渣熔点的影响。

固定渣中 Fe_2O_3含量为52%，CaO 为40%，用 B_2O_3替代 CaF_2，并且两者之和为8%，测定熔渣的熔点，实验结果见表2-4。

由表2-4可见，B_2O_3替代 CaF_2后渣熔点只是略有降低，在取代的整个范围内熔点都在1501K左右，说明 B_2O_3的助熔作用与 CaF_2相当。B_2O_3熔点很低，仅为723K，由图2-1a[47]可以看出，B_2O_3能与 CaO 生成一系列复杂氧化物，如 $3CaO \cdot B_2O_3$、$2CaO \cdot B_2O_3$、$CaO \cdot B_2O_3$、$CaO \cdot 2B_2O_3$。由 B_2O_3-FeO_n相图[47]（图2-1b）可以看出，B_2O_3能与 FeO_n生成一系列复杂氧化物，各复杂氧化物熔点都较低，并且各复杂氧化物之间可以发生低熔共晶，所以 B_2O_3对渣有较强的助熔效果。从整个替代范围看 B_2O_3替代 CaF_2后熔点都较低，说明从熔点方面考虑用 B_2O_3取代 CaF_2是完全可行的。

表 2-4 B_2O_3替代 CaF_2对脱磷剂熔点的影响

序号	$w(CaF_2)/\%$	$w(B_2O_3)/\%$	$w(Fe_2O_3)/\%$	$w(CaO)/\%$	熔点/K			
					1	2	3	平均
1	8	0	52	40	1487	1506	1506	1500
2	7	1	52	40	1505	1510	1504	1506
3	6	2	52	40	1498	1506	1489	1498
4	5	3	52	40	1503	1509	1518	1510
5	4	4	52	40	1500	1510	1507	1506
6	3	5	52	40	1501	1512	1493	1502
7	2	6	52	40	1499	1509	1502	1503
8	1	7	52	40	1483	1490	1487	1487
9	0	8	52	40	1494	1502	1486	1494

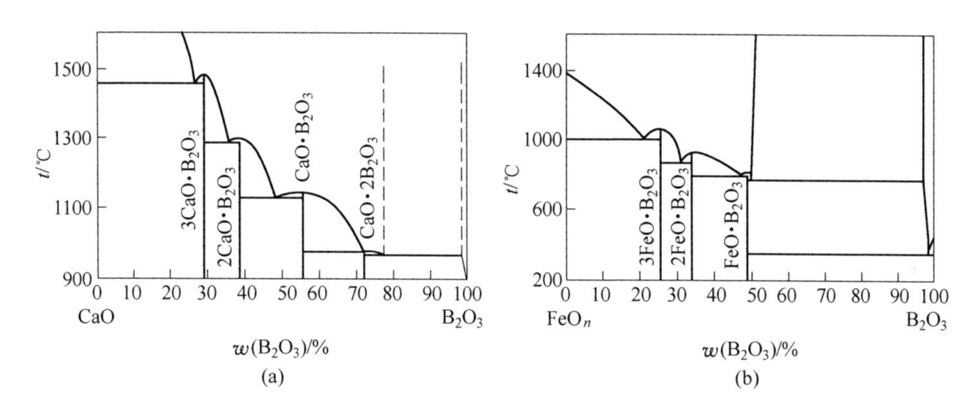

图 2-1 CaO-B_2O_3和 B_2O_3-FeO_n相图

(a) CaO-B_2O_3相图；(b) B_2O_3-FeO_n相图

（4）Li_2O 取代 CaF_2 对预处理渣熔点的影响。固定渣中 Fe_2O_3 含量为 52%，CaO 为 40%，用 Li_2O 替代 CaF_2，并且两者之和为 8%，测定渣的熔点，实验结果见表 2-5。可见 Li_2O 替代 CaF_2后渣熔点变化不大，从整个替代范围看 Li_2O 替代 CaF_2后熔点都较低，说明从熔点角度考虑用 Li_2O 取代 CaF_2也是可行的。

表 2-5 Li_2O 替代 CaF_2对脱磷剂熔点的影响

序号	$w(CaF_2)/\%$	$w(Li_2O)/\%$	$w(Fe_2O_3)/\%$	$w(CaO)/\%$	熔点/K			
					1	2	3	平均
1	8	0	52	40	1487	1506	1506	1500
2	7	1	52	40	1506	1510	1515	1510

续表 2-5

序号	$w(CaF_2)$/%	$w(Li_2O)$/%	$w(Fe_2O_3)$/%	$w(CaO)$/%	熔点/K			
					1	2	3	平均
3	6	2	52	40	1501	1497	1489	1496
4	5	3	52	40	1507	1497	1502	1502
5	4	4	52	40	1513	1504	1505	1507
6	3	5	52	40	1496	1508	1498	1501
7	2	6	52	40	1500	1498	1515	1504
8	1	7	52	40	1510	1512	1511	1511
9	0	8	52	40	1504	1496	1483	1494

2.1.3 工业原料实验

该部分实验所用原料为工业生产用萤石($w(CaF_2)>85\%$)、烧结矿粉($w(TFe)>56\%$，$R=1.2$)、石灰($w(CaO)>90\%$)和高铝矾土($w(Al_2O_3)>80\%$)，实验配料如表 2-6 所示。

表 2-6　工业原料渣配比　　%

序号	石灰	烧结矿	萤石	高铝矾土	序号	石灰	烧结矿	萤石	高铝矾土
1	40	52	8	0	6	40	52	3	5
2	40	52	7	1	7	40	52	2	6
3	40	52	6	2	8	40	52	1	7
4	40	52	5	3	9	40	52	0	8
5	40	52	4	4					

实验方法同前，其测试结果见表 2-7。由实验数据可以看出，改换为工业原料后，渣熔点明显下降。把化学试剂所配渣料熔点和工业原料所配渣料熔点做图进行对比，见图 2-2，可见两者相差 91K 左右，而且后者熔点变化较前者小。工业原料所含杂质较多，石灰中 CaO 含量仅 90%，烧结矿粉中全铁含量仅 56%，若全部折算为 Fe_2O_3，则 Fe_2O_3 含量仅 80%，而且烧结矿粉中铁的存在方式有三种，分别为 FeO、Fe_3O_4 和 Fe_2O_3，所以工业原料配制的渣料熔点较低。

表 2-7　工业原料实验渣熔点

序号	熔点/K				序号	熔点/K			
	1	2	3	平均		1	2	3	平均
1	1434	1423	1430	1429	6	1476	1464	1479	1473
2	1424	1440	1441	1435	7	1484	1467	1468	1473
3	1444	1432	1453	1443	8	1469	1477	1485	1477
4	1465	1458	1460	1461	9	1484	1474	1482	1480
5	1474	1464	1460	1466					

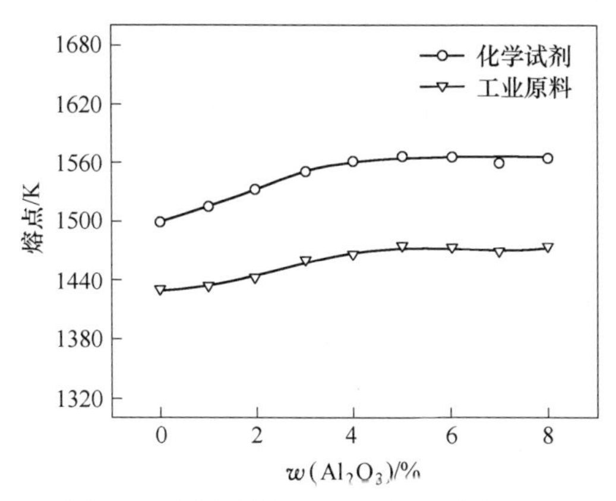

图 2-2 试剂原料和工业原料渣熔点对比

图 2-2 表明，随着 Al_2O_3含量的增加，以工业原料和纯化学试剂原料配制的渣熔点具有相同的变化规律，说明用工业原料配制预处理脱磷渣能够满足预处理对渣熔点的要求，即 Al_2O_3、B_2O_3和 Li_2O 替代 CaF_2从熔点方面考虑在工业上是可行的。

2.2 低氟渣预处理脱磷的研究

2.2.1 实验

2.2.1.1 实验方案

实验渣组成为熔点实验所用渣系，选取其中 17 组（见表 2-8）进行预处理脱磷实验。考虑当前大多钢铁企业原料条件不断改善，铁水中初始磷含量有下降趋势，也有少数企业自产矿中磷含量较高，铁水中磷含量较高，故铁水初始磷含量选取 0.090%、0.074%、0.060%三种。

表 2-8 预处理脱磷实验渣配比 %

No.	CaO	Fe_2O_3	CaF_2	白云石	Al_2O_3	No.	CaO	Fe_2O_3	CaF_2	B_2O_3	Li_2O
1	40	52	8	0	—	10	40	52	6	2	—
2	40	52	6	2	—	11	40	52	4	4	—
3	40	52	4	4	—	12	40	52	2	6	—
4	40	52	2	6	—	13	40	52	0	8	—
5	40	52	0	8	—	14	40	52	6	—	2
6	40	52	6	—	2	15	40	52	4	—	4
7	40	52	4	—	4	16	40	52	2	—	6
8	40	52	2	—	6	17	40	52	0	—	8
9	40	52	0	—	8						

由于脱磷为放热反应，低温有利于脱磷，但不利于化渣，故选取较高的实验温度，以减少实验次数，大部分实验的温度选取为1723K。实验后对数据进行分析选取一组改变温度进行脱磷实验，研究温度对预处理脱磷效果的影响，选取温度为1623K、1673K、1723K、1773K。采用CHINO公司的KP-1000系列控温仪控制温度，精度为±3K。

2.2.1.2 实验过程

脱磷实验包括预平衡实验和脱磷实验。预平衡实验确定渣系脱磷反应达到平衡所需要的时间，预平衡实验具体步骤如下：

（1）配制渣料，渣料选取第9组渣，即用Al_2O_3全部取代CaF_2；

（2）$MoSi_2$高温炉升温到1723K；

（3）熔化脱硅生铁，生铁量为250g；

（4）加入金属料8%的渣料（20g）；

（5）预平衡实验一共脱磷处理50min，前20min内每2min用石英管取样一次，后30min内每5min取样一次。

脱磷实验具体步骤如下：

（1）配制渣料；

（2）$MoSi_2$高温炉升温到1723K；

（3）熔化脱硅生铁，生铁量为150g；

（4）加入金属料8%的渣料（12g）；

（5）根据预平衡实验确定脱磷处理时间为25min，实验终点取样并扒渣测量氧活度。

为了弄清温度对预处理脱磷的影响，选取效果较好的一组改变实验温度重复上述实验。所选温度分别为1623K、1673K、1773K。

2.2.1.3 实验原料

生铁取自马鞍山钢铁公司，初始磷含量为0.073%，初始硅含量为0.61%，碳饱和；磷铁，$w[P]=17\%$；纯铁，$w[Fe]=99\%$；渣料全部用分析纯化学试剂。

生铁脱硅后其化学组成为：$w[C]=3.74\%$；$w[Si]=0.06\%$；$w[Mn]=0.08\%$；$w[P]=0.073\%$；$w[S]=0.024\%$。为了获得磷含量为0.09%的生铁，用磷铁给脱硅后的生铁增磷，增磷后生铁成分为：$w[C]=3.84\%$；$w[Si]=0.07\%$；$w[Mn]=0.08\%$；$w[P]=0.091\%$；$w[S]=0.026\%$。为了获得磷含量为0.06%的生铁，用工业纯铁增碳增磷，其最终成分为：$w[C]=3.65\%$；$w[Si]=0.05\%$；$w[Mn]=0.08\%$；$w[P]=0.063\%$；$w[S]=0.021\%$。可见生铁原料满足脱磷要求，可以进行预处理脱磷实验。

2.2.2 实验结果及分析

2.2.2.1 预平衡实验结果及分析

第6组实验渣与含磷0.091%的铁水在1723K下，预平衡实验测量了16个时间的磷含量，其结果见表2-9，用时间对过程磷含量做图，见图2-3。可以看出，处理前8min磷含量下降很快，8~16min脱磷速度降低，18min后磷含量趋于稳定。考虑到部分实验要在较低温度（1623K）下进行，平衡时间需要延长，结合文献［3］确定后续实验预处理时间为25 min。

表2-9　1723K时预平衡实验分析结果

时间/min	w[P]/%	时间/min	w[P]/%	时间/min	w[P]/%	时间/min	w[P]/%
2	0.075	10	0.023	18	0.012	35	0.014
4	0.061	12	0.018	20	0.013	40	0.015
6	0.042	14	0.014	25	0.013	45	0.014
8	0.029	16	0.013	30	0.012	50	0.016

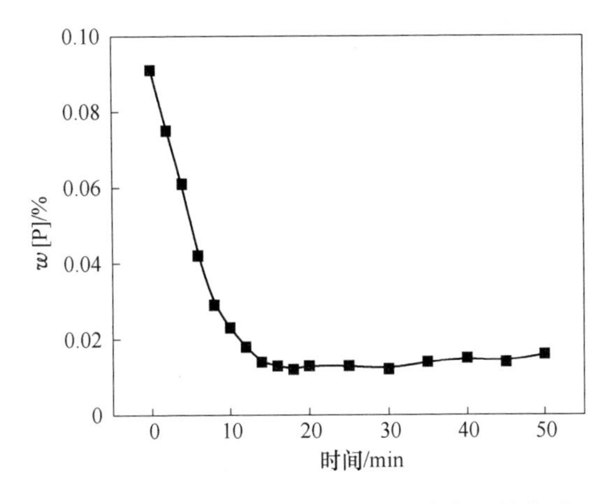

图2-3　1723K预处理脱磷时间与磷含量的关系

2.2.2.2 脱磷实验结果

1723K时用Al_2O_3替代CaF_2对初始磷含量分别为0.063%、0.073%、0.091%的铁水进行预处理脱磷，其结果见表2-10。可见全部终点磷含量为0.009%~0.014%，脱磷率为82.5%~89.0%。

表 2-10 1723K 时 Al_2O_3替代 CaF_2预处理脱磷结果

序号	$w(Al_2O_3)/\%$	$w[P]_f/\%$	$\eta_P/\%$	E_O/mV	L_P	$w[P]_f/\%$	$\eta_P/\%$	$w[P]_f/\%$	$\eta_P/\%$
		$w[P]_{初始}=0.091\%$				$w[P]_{初始}=0.073\%$		$w[P]_{初始}=0.063\%$	
1	0	0.014	84.62	481	45.8	0.012	83.56	0.011	82.54
6	2	0.013	85.71	473	50	0.012	83.56	0.010	84.13
7	4	0.011	87.91	464	60.6	0.011	84.93	0.010	84.13
8	6	0.012	86.81	463	54.9	0.010	86.30	0.009	85.71
9	8	0.010	89.01	456	67.5	0.009	87.67	0.009	85.71

1723K 时用 B_2O_3替代 CaF_2对初始磷含量分别为 0.063%、0.073%、0.091% 的铁水进行预处理脱磷，其结果见表 2-11。可见全部终点磷含量为 0.010%~0.015%，脱磷率为 80.95%~87.91%，终点磷都在 0.015%以下。

表 2-11 1723K 时 B_2O_3替代 CaF_2预处理脱磷结果

序号	$w(B_2O_3)/\%$	$w[P]_f/\%$	$\eta_P/\%$	E_O/mV	L_P	$w[P]_f/\%$	$\eta_P/\%$	$w[P]_f/\%$	$\eta_P/\%$
		$w[P]_{初始}=0.091\%$				$w[P]_{初始}=0.073\%$		$w[P]_{初始}=0.063\%$	
1	0	0.014	84.62	481	45.8	0.012	83.56	0.011	82.54
2	2	0.011	87.91	470	60.6	0.013	82.19	0.010	84.13
3	4	0.015	83.52	468	42.2	0.011	84.93	0.012	80.95
4	6	0.013	85.71	460	50.0	0.012	83.56	0.010	84.13
5	8	0.012	86.81	451	54.9	0.011	84.93	0.011	82.54

1723K 时用白云石替代 CaF_2 对初始磷含量分别为 0.063%、0.073%、0.091%的铁水进行预处理脱磷，其结果见表 2-12。可见全部终点磷含量为 0.010%~0.015%，脱磷率为 80.95%~87.91%，终点磷都在 0.015%以下。

1723K 时用 Li_2O 替代 CaF_2对初始磷含量分别为 0.063%、0.073%、0.091% 的铁水进行预处理脱磷，其结果见表 2-13。可见全部终点磷含量为 0.008%~0.014%，脱磷率高达 82.5%~90.1%，终点磷都在 0.014%以下。

由实验结果可以看出，各物质替代 CaF_2后，脱磷率为 80.95%~90.1%，能够满足铁水预处理要求。

表 2-12 1723K 时白云石替代 CaF_2预处理脱磷结果

序号	白云石/%	$w[P]_f/\%$	$\eta_P/\%$	E_O/mV	L_P	$w[P]_f/\%$	$\eta_P/\%$	$w[P]_f/\%$	$\eta_P/\%$
		$w[P]_{初始}=0.091\%$				$w[P]_{初始}=0.073\%$		$w[P]_{初始}=0.063\%$	
1	0	0.014	84.62	481	45.83	0.012	83.56	0.011	82.54
2	2	0.013	85.71	478	50.00	0.012	83.56	0.012	80.95
3	4	0.014	84.62	478	45.83	0.013	82.19	0.011	82.54
4	6	0.012	86.81	472	54.86	0.011	84.93	0.011	82.54
5	8	0.011	87.91	471	60.61	0.010	86.30	0.010	84.13

表 2-13 1723K 时 Li_2O 替代 CaF_2 预处理脱磷结果

序号	$w(Li_2O_3)/\%$	$w[P]_f/\%$	$\eta_P/\%$	E_O/mV	L_P	$w[P]_f/\%$	$\eta_P/\%$	$w[P]_f/\%$	$\eta_P/\%$
		$w[P]_{初始}=0.091\%$				$w[P]_{初始}=0.073\%$		$w[P]_{初始}=0.063\%$	
1	0	0.014	84.62	481	45.83	0.012	83.56	0.011	82.54
2	2	0.012	86.81	470	54.86	0.012	83.56	0.011	82.54
3	4	0.013	85.71	475	50.00	0.011	84.93	0.010	84.13
4	6	0.010	89.01	457	67.5	0.010	86.30	0.009	85.71
5	8	0.009	90.11	453	72.33	0.008	89.04	0.008	87.30

2.2.3 讨论

2.2.3.1 磷容量及磷分配比

衡量渣系脱磷效果和脱磷能力的参数通常有磷的分配比 L_P 和磷酸盐容量 $C_{PO_4^{3-}}$ [74~76]。

磷的分配比 L_P 是反映脱磷效果的重要参数，定义为：

$$L_P = w(\%P)/w[\%P] \tag{2-1}$$

磷酸盐容量 $C_{PO_4^{3-}}$ 表示炉渣溶解磷或磷酸盐的能力，炉渣磷酸盐容量的大小与炉渣的性质和温度有关。

$$C_{PO_4^{3-}} = \frac{w(\%PO_4^{3-})}{p_{P_2}^{1/2} p_{O_2}^{5/4}} = \frac{95w(\%P)}{31p_{P_2}^{1/2} p_{O_2}^{5/4}} = K_P \frac{a_{O^{2-}}^{3/2}}{\gamma_{PO_4^{3-}}} \tag{2-2}$$

要测定磷酸盐容量 $C_{PO_4^{3-}}$ 必须先求得 p_{P_2} 和 p_{O_2}。铁水中溶解的磷和气体磷之间存在下列平衡反应：

$$1/2P_2(g) = [P] \tag{2-3}$$

$$\Delta G^{\ominus} = -122056 - 19.23T = -RT\ln K_P = -RT\ln \frac{f_P w[\%P]}{p_{P_2}^{1/2}} \tag{2-4}$$

当温度 T= 1723K 时，K_P = 50687.9，所以

$$p_{P_2}^{1/2} = 1.973 \times 10^{-5} f_P w[\%P] \tag{2-5}$$

铁水熔体中存在反应：

$$1/2O_2(g) = [O] \tag{2-6}$$

$$\Delta G^{\ominus} = -117110 - 3.39T = -RT\ln K_{O_2} = -RT\ln \frac{a_{[O]}}{p_{O_2}^{1/2}} \tag{2-7}$$

当温度 T= 1723 K 时，K_{O_2} = 5339.8，所以 $p_{O_2}^{1/2} = 1.873 \times 10^{-4} a_{[O]}$，铁水中

[O] 的活度 $a_{[O]}$ 可以直接通过定氧探头测定。实验用定氧探头的参比电极为 Mo-MoO_2，利用下式即可计算出铁水中的氧活度 $a_{[O]}$（10^{-6}）：

$$\lg a_{[O]} = 4.53 - \frac{8983 + 10.08E_{[O]}}{T} \tag{2-8}$$

式中，$E_{[O]}$ 为定氧探头测定的铁水电动势，mV。

因此，磷酸盐容量可以表示为：

$$C_{PO_4^{3-}} = \frac{95w(\%P)}{31p_{P_2}^{1/2}p_{O_2}^{5/4}} = 3.235 \times 10^{16} \times \frac{w(\%P)}{f_P w[\%P] \cdot a_O^{5/2}} \tag{2-9}$$

从渣系磷酸盐容量的表达式（2-2）可以看出，影响渣系溶解磷酸盐能力的主要因素为温度、金属熔体中的氧活度以及渣中磷的活度系数。从式（2-9）又可以看出，在1723K下磷酸盐容量与磷分配比之间的定量关系。

2.2.3.2　各替代物对脱磷的影响

根据表2-10中的数据用 Al_2O_3 含量对脱磷率做图，见图2-4。由图2-4可见，脱磷率随 Al_2O_3 含量的增加呈上升趋势，而且脱磷率与初始磷含量有关，初始磷含量越高，脱磷率越高。

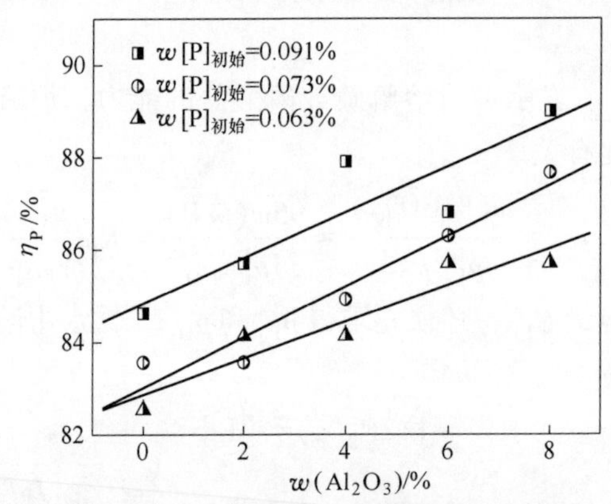

图2-4　1723K时 Al_2O_3 含量和初始磷含量对脱磷率的影响

在各个初始磷含量条件下，用 Al_2O_3 含量对脱磷率做直线拟合寻求在初始磷含量不变的情况下 Al_2O_3 替代 CaF_2 对脱磷率的影响规律，得到下面三个直线方程：

$$\eta_P = 84.836 + 0.494w(\%Al_2O_3) \quad (w[P]_{初始} = 0.091\%) \tag{2-10}$$

$$\eta_P = 83.012 + 0.548w(\%Al_2O_3) \quad (w[P]_{初始} = 0.073\%) \tag{2-11}$$

$$\eta_P = 82.86 + 0.396w(\%Al_2O_3) \quad (w[P]_{初始} = 0.063\%) \tag{2-12}$$

三个直线方程的线性相关系数分别为：0.8998、0.97014和0.94474，可见在各个初始磷含量下，随着 Al_2O_3替代量的增加脱磷率呈上升趋势。

考虑到脱磷实验操作的温度，外界气氛，渣中 CaO、Fe_2O_3含量都不变，造成脱磷效率不同的因素只有 CaF_2、Al_2O_3 含量和初始磷含量，又因为 CaF_2 和 Al_2O_3含量之和为 8%，用渣中 Al_2O_3含量和铁水中的初始磷含量对脱磷率做二元线性拟合，以寻求不同初始磷含量下 Al_2O_3替代 CaF_2的脱磷规律。拟合方程见下式：

$$\eta_P = 77.127 + 0.479w(\%Al_2O_3) + 85.139w[\%P] \quad R = 0.9526 \tag{2-13}$$

表明用 Al_2O_3替代 CaF_2配制低氟（或无氟）脱磷渣，渣中 Al_2O_3、CaF_2化学成分含量的变化对脱磷效果影响不大。

用式（2-8）结合实验测得的氧势电压计算氧活度和用式（2-9）计算渣系磷容量，计算结果见表 2-14。

表 2-14 Al_2O_3替代 CaF_2预处理终点氧活度测量值和渣磷容量

实验号	Al_2O_3含量/%	$a_{[O]}\times10^{-4}$	$C_P\times10^{21}$
1	0	3.18	9.35
2	2	3.54	9.43
3	4	4.00	9.52
4	6	4.05	9.55
5	8	4.45	9.57

由表 2-14 可以看出，处理终点铁水中氧活度随 Al_2O_3含量的增加而增加，用 Al_2O_3含量对终点铁水中氧活度的对数做图，见图 2-5。可见两者之间呈一直线关系，方程如下：

$$\lg a_{[O]} = -3.488 + 0.01755w(\%Al_2O_3) \tag{2-14}$$

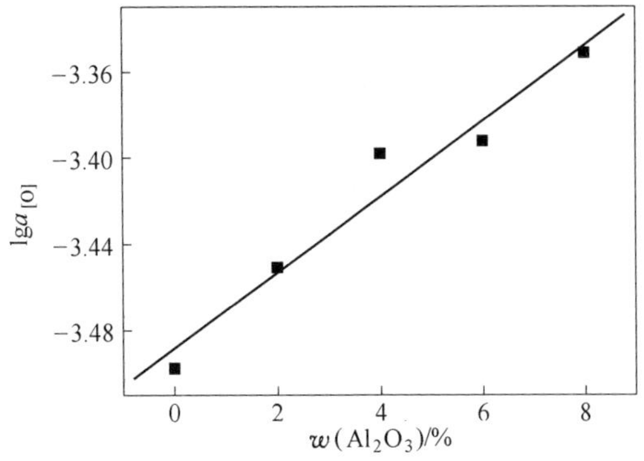

图 2-5 渣中 Al_2O_3含量与铁水中氧活度的关系

该直线相关系数为 0.963，可见渣中 Al_2O_3含量与终点铁水中氧活度间直线关系较好。处理终点铁水中氧活度高说明渣的氧化性较强，渣的氧化性由渣中铁氧化物活度决定。高温下渣中Fe_2O_3会部分分解为FeO，而FeO与铁液间又有如下平衡：(FeO)═Fe+[O]，说明渣中Fe_2O_3和FeO的活度影响渣的氧化性，而影响二者活度的主要因素有其自身含量和碱度两个因素。碱度高时渣中铁氧化物以Fe_2O_3形式存在量较大，其与碱性氧化物结合，降低了渣中Fe_2O_3的活度，从而降低了渣的氧化性；碱度低时渣中铁氧化物以FeO的形式大量存在，但FeO与酸性氧化物结合，也降低了渣的氧化性[71]。

为了进一步研究Al_2O_3替代CaF_2后渣的氧化性变化情况，借助商用热力学计算软件Factsage来研究平衡时渣的氧化性，利用其中的多元多相平衡模块进行计算。计算的初始条件为：外压为0.1MPa，外界气氛为空气，体系温度为1723K，计算体系为脱磷渣初始成分，计算结果（仅给出第一组渣系的全部结果）如下。

所研究渣系原始组成为：

(gram) $52Fe_2O_3$ + 40CaO + $8CaF_2$ + $0Al_2O_3$ + (gram) 0FeO + $21O_2$ + $79N_2$

该渣的平衡相计算结果如下：

```
492.12      litre (81.028    vol% N2 +   18.972    vol% O2)
                  (1450.00 C, 1 atm, gas_ideal)
 +   99.871      gram (1.1599      wt. % FeO
                        +   40.052      wt. % CaO
                        +   50.778      wt. % Fe2O3
                        +   8.0103      wt. %CaF2)
                         (1450.00 C, 1 atm, ASlag-liquid)
                        +  0.00000      gram CaF2
                         (1450.00 C, 1 atm, S2, a=0.61251)
                   0.00000     gram Ca2Fe2O5                     T
                         (1450.00 C, 1 atm, S1, a=0.60167)
                        +  0.00000      gram CaF2
                         (1450.00 C, 1 atm, S1, a=0.57113)
                        +  0.00000      gram CaO_ lime
                         (1450.00 C, 1 atm, S1, a=0.54299)
                   ......
                        +  0.00000      gram Fe2N                        T
                         (1450.00 C, 1 atm, S1, a=0.74801E-15)

EQUIL AMOUNT   MOLE FRACTION       FUGACITY
PHASE: gas_ ideal          mol                atm
N2                 2.8201E+00     8.1028E-01      8.1028E-01
O2                 6.6031E-01     1.8972E-01      1.8972E-01
```

TOTAL:	3.4804E+00	1.0000E+00	1.0000E+00
PHASE: ASlag-liquid	gram	MASS FRACTION	ACTIVITY
FeO	1.1584E+00	1.1599E−02	1.3207E−02
CaO	4.0000E+01	4.0052E−01	6.0882E−02
Fe_2O_3	5.0713E+01	5.0778E−01	9.2354E−03
CaF_2	8.0000E+00	8.0103E−02	6.3696E−01
TOTAL:	9.9871E+01	1.0000E+00	1.0000E+00

同样可以得出其他 4 组渣系在 1723K 下的氧化性，结果见表 2-15。

表 2-15 渣中 Al_2O_3 含量与渣中铁氧化物含量及活度

实验号	$w(Al_2O_3)/\%$	$a_{FeO}\times10^{-2}$	$a_{Fe_2O_3}\times10^{-2}$
1	0	1.32	0.92
2	2	1.47	1.14
3	4	1.57	1.31
4	6	1.64	1.43
5	8	1.67	1.47

可见，随着 Al_2O_3 含量的增加，渣中 FeO 和 Fe_2O_3 活度都相应增加，说明部分 Fe_2O_3 转化为 FeO 并且 Fe_2O_3 活度系数增大，对照表 2-14 可以发现终点铁水中氧活度也随之增加。渣中 FeO 和 Fe_2O_3 活度与 Al_2O_3 含量的关系见图 2-6，可见两者为二次方关系，其方程分别为：

$$\lg a_{FeO} = -1.88 + 0.0251w(\%Al_2O_3) - 0.00156\,w(\%Al_2O_3)^2 \quad (2\text{-}15)$$

$$\lg a_{Fe_2O_3} = -2.035 + 0.0515w(\%Al_2O_3) - 0.0033\,w(\%Al_2O_3)^2 \quad (2\text{-}16)$$

两方程的相关系数分别为 0.9997 和 0.9995，由此可以看出 Al_2O_3 虽然不具有氧化性，但其可以通过改变渣中铁氧化物存在形态并增加 Fe_2O_3 活度系数来改变渣的氧化性。

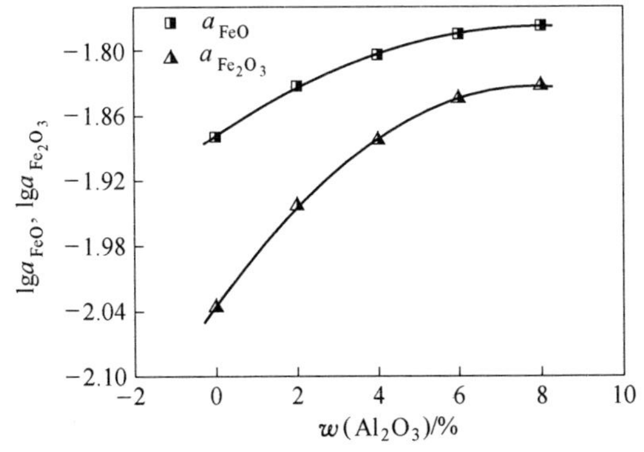

图 2-6 渣中 Al_2O_3 含量与渣中铁氧化物活度的关系

用表 2-14 中磷容量数据对 Al_2O_3 含量做图，结果见图 2-7。可见随着 Al_2O_3 替代 CaF_2 量的增加，磷容量增大，但两者不是直线关系，两者间关系式如下：

$$\lg C_P = 21.97 + 0.00234w(\%Al_2O_3) - 1.345 \times 10^{-4} w(\%Al_2O_3)^2 \quad (2\text{-}17)$$

式（2-17）相关系数为 0.993，Al_2O_3 与磷容量为抛物线关系。由方程式（2-17）可以计算出 Al_2O_3 替代 CaF_2 磷容量最大值出现在 Al_2O_3 含量为 8.79%时，而用式（2-15）和式（2-16）计算 Al_2O_3 替代 CaF_2 时渣的氧化性，当 Al_2O_3 含量分别为 8.33%和 8.75%时渣中 FeO 和 Fe_2O_3 活度值达到最高。可以看出 Al_2O_3 替代 CaF_2 时磷容量和渣氧化性变化规律呈现一致性。

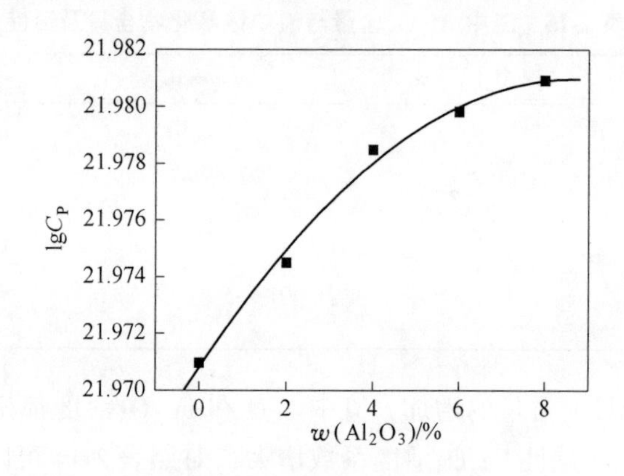

图 2-7 渣中 Al_2O_3 含量与渣磷容量的关系

以上分析说明：在铁水预处理脱磷时可以用 Al_2O_3 替代渣中 CaF_2，替代后渣的磷容量基本维持不变，其原因在于虽然 Al_2O_3 替换渣中 CaF_2 后炉渣光学碱度小幅下降，但是 Al_2O_3 可以通过使部分 Fe_2O_3 转化为 FeO 而使 Fe_2O_3 活度系数增大来增加炉渣的氧化性，从而维持预处理渣磷容量不变。

根据表 2-11 中的实验数据，将 B_2O_3 含量对脱磷率做图，见图 2-8。可见，初始磷含量越高脱磷率越高，随着 B_2O_3 的加入预处理渣的脱磷率稳定在 84%左右，无明显变化，说明 B_2O_3 对预处理渣脱磷能力的影响甚微。B_2O_3 是酸性氧化物，本身无脱磷能力，但其替代 CaF_2 后可以减轻 CaF_2 对炉衬的腐蚀以及含氟气体对环境的污染，为无氟精炼渣的研究提供了一个参考方向。

脱磷终点铁水中氧活度与渣中 B_2O_3 含量的关系如图 2-9 所示。可见随着 B_2O_3 含量的增加，终点铁水氧活度增加，两者间数学式为：

$$\lg a_{[O]} = -3.492 + 0.0205w(\%B_2O_3) \quad R = 0.98 \quad (2\text{-}18)$$

可见，随着 B_2O_3 替代量的增加，预处理脱磷终点铁水中氧活度增加。用 Factsage 计算该渣系氧化性，计算 FeO 和 Fe_2O_3 活度见表 2-16。

用渣中 FeO 和 Fe_2O_3 活度对 B_2O_3 含量做图，见图 2-10。可见随着 B_2O_3 含量

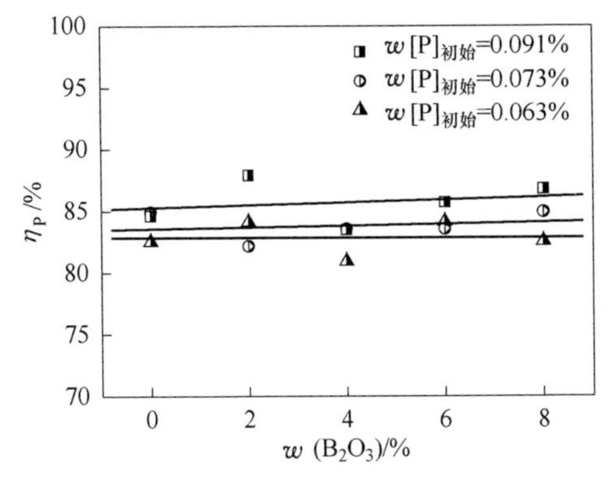

图 2-8 B_2O_3含量和初始磷含量对脱磷率的影响

增加，渣中 FeO 和 Fe_2O_3活度呈直线增加，而且 B_2O_3对 Fe_2O_3活度影响比 FeO 大。相对于 Al_2O_3对渣中两种铁氧化物活度的影响来说，B_2O_3对渣氧化性影响较大。

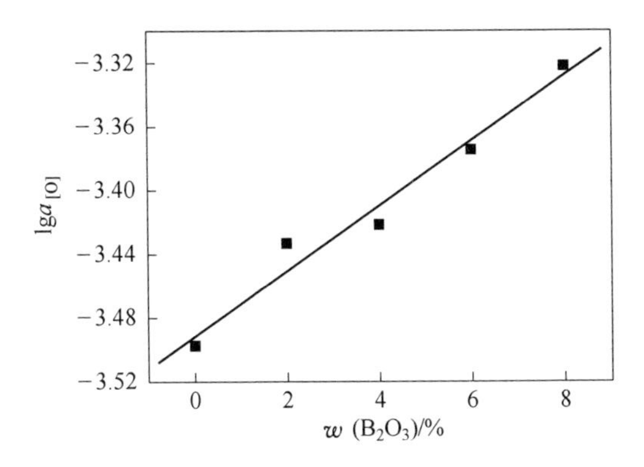

图 2-9 渣中 B_2O_3含量与终点氧活度的关系

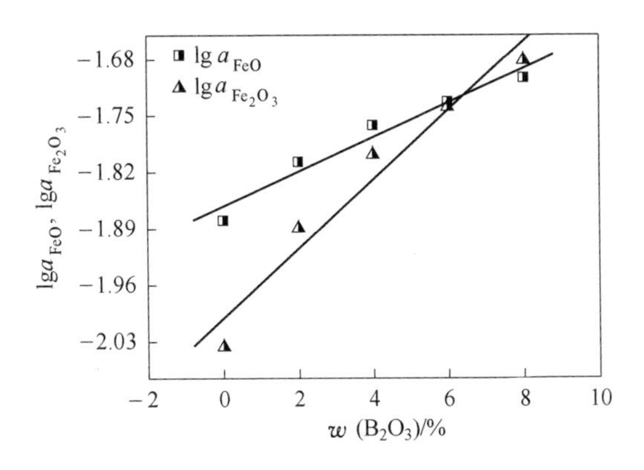

图 2-10 渣中 B_2O_3含量与渣中铁氧化物活度的关系

表 2-16　渣中 B_2O_3 含量与渣中铁氧化物活度

实验号	B_2O_3 含量/%	a_{FeO}	$a_{Fe_2O_3}$	实验号	B_2O_3 含量/%	a_{FeO}	$a_{Fe_2O_3}$
1	0	0.0132	0.0092	4	6	0.0185	0.0182
2	2	0.0156	0.0129	5	8	0.0198	0.0208
3	4	0.0173	0.0159				

由图可见，渣中 FeO 和 Fe_2O_3 活度与 B_2O_3 含量间关系为一次方关系，其方程分别为：

$$\lg a_{FeO} = -1.862 + 0.0213w(\%B_2O_3) \quad R = 0.9778 \tag{2-19}$$

$$\lg a_{Fe_2O_3} = -2.001 + 0.0429w(\%B_2O_3) \quad R = 0.977 \tag{2-20}$$

比较 Al_2O_3 和 B_2O_3 两者性质，B_2O_3 的光学碱度理论值为 0.43，Al_2O_3 的光学碱度理论值为 0.60。可见 B_2O_3 酸性较强，与渣中碱性氧化物的结合能力比 Al_2O_3 强，从而使在渣中显酸性的 Fe_2O_3 活度增加幅度较大，FeO 活度随之增加。

B_2O_3 替代 CaF_2 后磷容量随 B_2O_3 含量变化的趋势见图 2-11，两者关系式为：

$$\lg C_P = 21.99 - 0.0157w(\%B_2O_3) \quad R = 0.823 \tag{2-21}$$

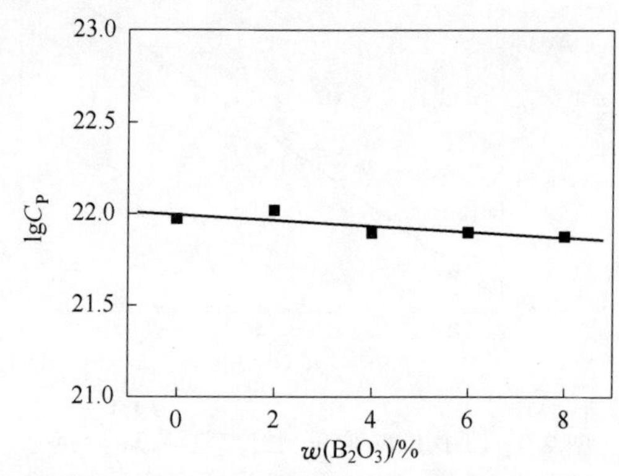

图 2-11　渣中 B_2O_3 含量与渣磷容量的关系

可见随着 B_2O_3 替代量的增加磷容量略有降低，主要原因在于 B_2O_3 是酸性物质。

根据表 2-12 中的实验数据，用白云石含量对脱磷率做图，见图 2-12。由图可见，初始磷含量越高脱磷率越高，随白云石含量的升高脱磷率上升，但变化幅度不大，最大脱磷率与最小脱磷率相差仅为 7%。白云石在脱磷温度下会分解为三种产物：CaO、MgO、CO_2，其中 CaO 和 MgO 为碱性氧化物，有利于脱磷，CO_2 为弱氧化性气体，有利于增加渣的氧化性，所以加入白云石渣的磷容量和脱磷率会增加。

在各个初始磷含量下，以白云石含量对脱磷率做直线拟合，以寻求在初始磷含量一定的情况下白云石替代 CaF_2 对脱磷率的影响规律，得出下面三个直线

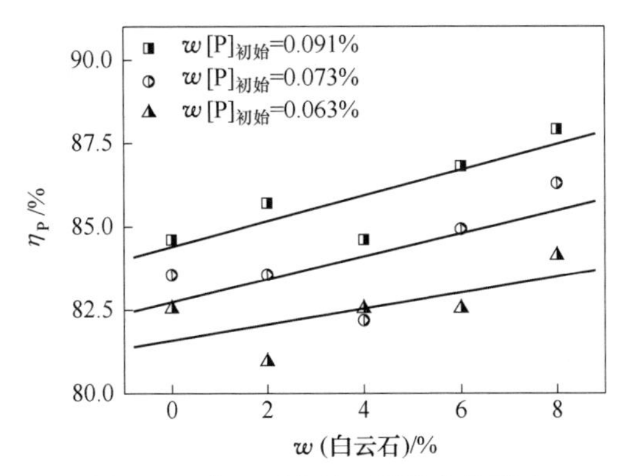

图 2-12 白云石含量对脱磷率的影响

方程：

$$\eta_P = 84.398 + 0.384w(\%MgCO_3 \cdot CaCO_3) \quad (w[P]_{初始} = 0.091\%) \tag{2-22}$$

$$\eta_P = 82.738 + 0.3425w(\%MgCO_3 \cdot CaCO_3) \quad (w[P]_{初始} = 0.073\%) \tag{2-23}$$

$$\eta_P = 81.586 + 0.2385w(\%MgCO_3 \cdot CaCO_3) \quad (w[P]_{初始} = 0.063\%) \tag{2-24}$$

三个直线方程的相关系数分别为：0.85，0.69 和 0.67。可见在各个初始磷含量下，随着白云石替代量的增加脱磷率直线上升，但直线斜率较小，可见脱磷率变化不大。

考虑脱磷实验操作步骤及温度、外界气氛、渣中 CaO、Fe_2O_3含量均不变的情况下，造成脱磷效率不同的原因在于 CaF_2、白云石和初始磷含量的不同，CaF_2和白云石含量之和为 8%，用渣中白云石含量和铁水中初始磷含量对脱磷率进行二元线性拟合，以寻求不同初始磷含量下白云石替代 CaF_2的脱磷规律。拟合方程见下式：

$$\eta_P = 73.912 + 0.332w(\%MgCO_3 \cdot CaCO_3) + 118.80w[P] \tag{2-25}$$

该直线相关系数 $r = 0.8878$，方程相关性较好，说明 CaO-Fe_2O_3渣系中添加 CaF_2和 Al_2O_3质量分数在 8%以内时，脱磷率随初始磷含量和白云石替代量的增加呈线性增加。

脱磷终点铁水中氧活度与渣中白云石含量的关系如图 2-13 所示。可见随着白云石含量的增加终点铁水氧活度增加，两者间数学关系见式（2-26），可知白云石替代 CaF_2对脱磷终点铁水中氧活度影响较小，其主要原因在于白云石分解既提供了氧化性气体 CO_2，提高渣的氧化性，又增加了渣的碱度，导致渣的氧化性降低，综合两方面影响分析，最终使渣的氧化性变化不大。

$$\lg a_{[O]} = -3.50 + 0.0076w(\%\ 白云石) \quad R = 0.956 \tag{2-26}$$

图 2-14 显示了白云石替代 CaF_2后渣磷容量变化情况，两者间关系为：

$$\lg C_P = 21.967 + 0.00639w(\%\ 白云石) \quad R = 0.900 \tag{2-27}$$

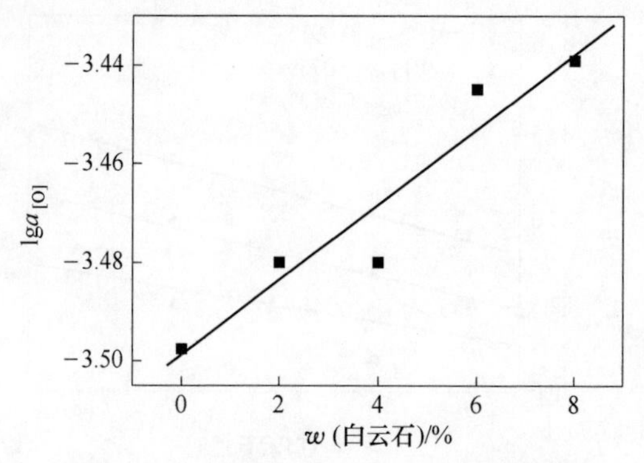

图 2-13　白云石含量与终点氧势的关系

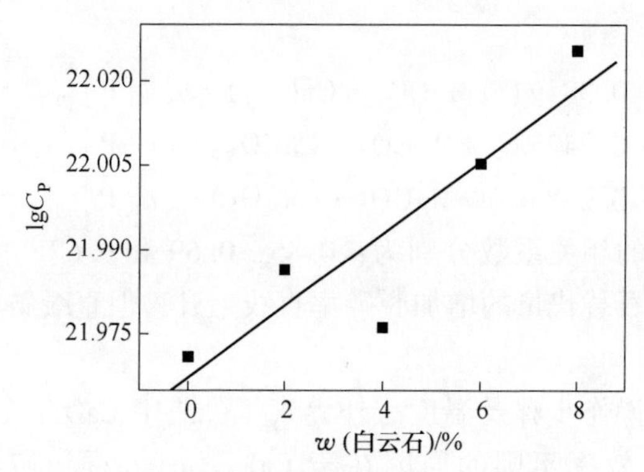

图 2-14　白云石含量与渣磷容量的关系

由图 2-14 可见，白云石替代 CaF_2后渣系磷容量增大，其原因在于添加白云石能同时增加渣的氧化性和碱度，但从前面的熔点看，替代后渣的熔点较高，不宜用于低温铁水的脱磷。

根据表 2-13 中的实验数据，将 Li_2O 含量对脱磷率做图，见图 2-15。可见随着初始磷含量和 Li_2O 含量的增加脱磷率明显增加。由三组实验可以看出，终点磷含量相差不大，最大与最小值之差仅为 0.006%，说明该渣系的脱磷能力很强。渣中 Li_2O 用 Li_2CO_3配制，Li_2CO_3高温下分解为 Li_2O 和 CO_2，Li_2O 的碱性较 CaO 强，且熔点较低，而 CO_2气体可以提高熔渣的氧化性，所以随着 Li_2O 含量的增加脱磷率会有所增加。

在各个初始磷含量下，将 Li_2O 含量对脱磷率做直线拟合，寻求在初始磷含量一定的情况下，Li_2O 替代 CaF_2对脱磷率的影响，得出下面三个直线方程：

$$\eta_P = 84.616 + 0.659w(\%Li_2O) \quad (w[P]_{初始} = 0.091\%) \tag{2-28}$$

$$\eta_P = 82.738 + 0.685w(\%Li_2O) \quad (w[P]_{初始} = 0.073\%) \tag{2-29}$$

$$\eta_P = 81.906 + 0.635w(\%Li_2O) \quad (w[P]_{初始} = 0.063\%) \tag{2-30}$$

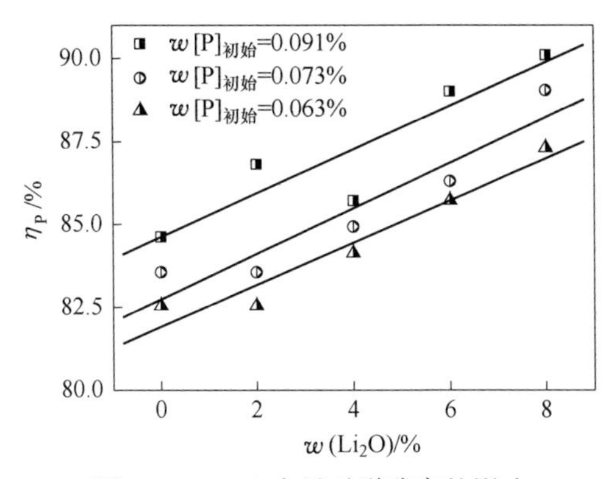

图 2-15　Li_2O 含量对脱磷率的影响

三个直线方程的相关系数分别为：0.915、0.945 和 0.970，可见在各个初始磷含量下，随着 Li_2O 替代量的增加脱磷率直线上升，由直线斜率较大可以看出脱磷率变化较大。

考虑脱磷实验操作步骤和温度，外界气氛，渣中 CaO、Fe_2O_3 含量均不变的情况下，造成脱磷效率不同的原因在于 CaF_2、Li_2O 和初始磷含量的不同，CaF_2 和 Li_2O 含量之和为 8%，用渣中 Li_2O 含量和铁水中初始磷含量对脱磷率做二元线性拟合，以寻找不同初始磷含量下 Li_2O 替代 CaF_2 的脱磷规律。拟合方程见下式：

$$\eta_P = 76.304 + 0.577w(\%Li_2O) + 100.081w[\%P] \tag{2-31}$$

该直线相关系数 $r=0.849$，可见该方程相关性较好，说明 CaO-Fe_2O_3 渣系中添加 CaF_2 和 Li_2O 质量分数在 8%以内时，脱磷率随着初始磷含量和 Li_2O 替代量的增加呈线性增加。

图 2-16 和图 2-17 分别显示了处理终点铁水中氧活度和渣磷容量。氧活度与 Li_2O 含量的关系为：

$$\lg a_{[O]} = -3.498 + 0.0202w(\%Li_2O) \quad R = 0.918 \tag{2-32}$$

磷容量与 Li_2O 含量的关系为：

$$\lg C_P = 21.965 + 0.00922w(\%Li_2O) \quad R = 0.986 \tag{2-33}$$

可见磷容量随着 Li_2O 含量的增加直线上升，Li_2O 的碱性强于 CaO，对脱磷有利。

Al_2O_3、B_2O_3、白云石和 Li_2O 替代 CaF_2 后脱磷渣的磷容量，见图 2-18。可见，Li_2O 和白云石替代 CaF_2 能够提高渣的磷容量，而 Al_2O_3 替代 CaF_2，替代前后磷容量变化不大，B_2O_3 替换 CaF_2 后则磷容量有所下降。Li_2O 为强碱性物质，白云石分解后可以增加渣中 CaO 和 MgO 含量，而且可以提供弱氧化性气体 CO_2，有利于提高渣的氧化性。Al_2O_3 为弱酸性氧化物，B_2O_3 为强酸性氧化物，两者在

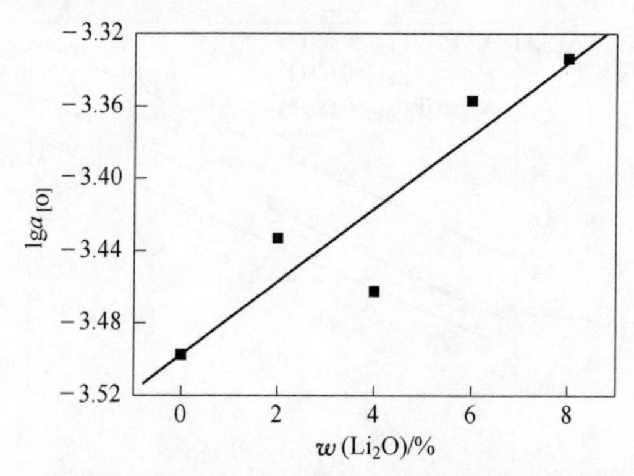

图 2-16　渣中 Li_2O 含量与终点氧活度的关系

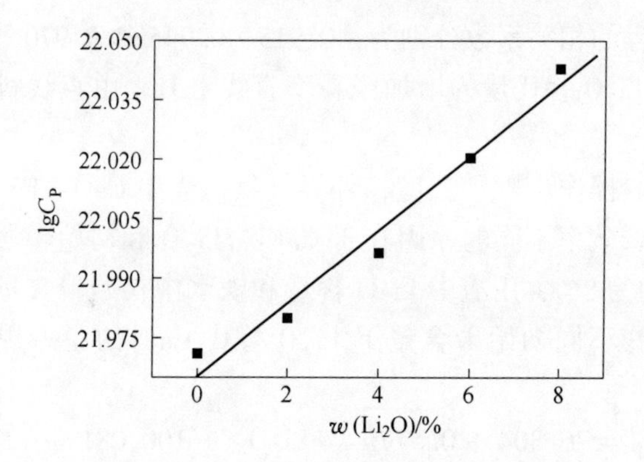

图 2-17　渣中 Li_2O 含量与渣磷容量的关系

渣中含量增加虽然能够提高渣的氧化性，但同时也消耗了渣中 CaO 而使渣碱度降低。

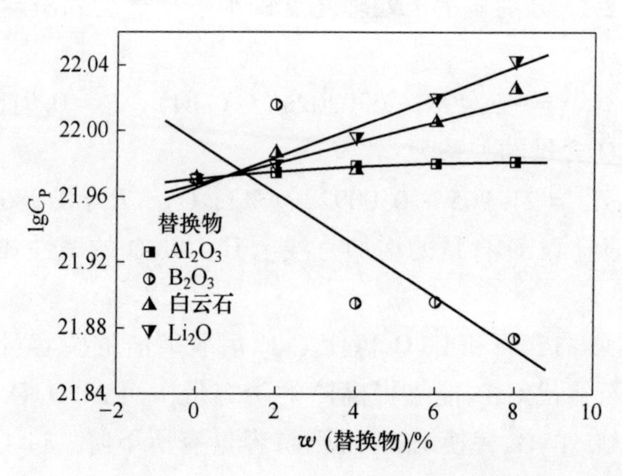

图 2-18　脱磷渣磷容量与替换物含量的关系

2.2.3.3 炉渣碱度与磷容量

碱度是炉渣的一个重要化学性质，它对炉渣的物理性质和其他各种化学性质都有重要的影响。炉渣的碱度有多种表示方法，比如常见的二元碱度、多元碱度等，这些表示方法有其局限性，如不同碱性氧化物和酸性氧化物同等对待，而且不考虑 CaF_2 等非氧化物对碱度的贡献。光学碱度就很好地区别对待不同氧化物，而且把非氧化物对碱度的贡献考虑在内，目前许多经验公式采用光学碱度，取得了较好的效果，本次研究采用光学碱度。光学碱度是 1971～1975 年由 J. A. Duffy 和 M. D. Ingram 在研究玻璃等硅酸盐物质时提出的，而为 Sommerville 所倡导，应用于炉渣领域内。炉渣的碱度与其组成氧化物的碱性有关，而此又与其对 O^{2-} 的行为有关。因此，从热力学角度，可用这些氧化物或渣中 O^{2-} 的活度来表示熔渣的酸碱性或碱度。但是，O^{2-} 的浓度不能单独测定，同时也不能得出像水溶液中用“$pH=-\lg a_H$”表示其酸碱性的那种数值关系。于是提出了在氧化物中加入显示剂，用光学方法来测定氧化物释放“电子的能力”以表示 O^{2-} 的活度，确定其酸碱性的光学碱度。纯氧化物的光学碱度表示了对 O^{2-} 的释放和吸收能力，炉渣的光学碱度比较科学和全面[77~84]。

炉渣的光学碱度计算公式如下[83~85]：

$$\Lambda = \sum_{i=1}^{n} x_i \Lambda_i \tag{2-34}$$

式中，Λ 为炉渣光学碱度；Λ_i 为氧化物 i 的光学碱度；x_i 为氧化物阳离子的摩尔分数，它是每个阳离子的电荷中和负电荷的分数，即氧化物在渣中的氧原子的摩尔分数。x_i 的计算式为：

$$x_i = \frac{n_O x_i'}{\sum n_O x_i'} \tag{2-35}$$

式中，x_i' 为氧化物的摩尔分数；n_O 为氧化物分子中氧原子数。

本书实验涉及的氧化物和其对应的光学碱度、氧化物分子中氧原子数见表 2-17[61]。

表 2-17 各氧化物光学碱度和氧原子数

氧化物	光学碱度	氧原子数	氧化物	光学碱度	氧原子数
CaO	1	1	Li_2O	1.05	1
Al_2O_3	0.608	3	B_2O_3	0.42	3
MgO	0.92	1	Fe_2O_3	0.69	3
CaF_2	0.67	1			

把前面 Al_2O_3、白云石、B_2O_3、Li_2O 替代 CaF_2 的 17 个实验点的化学成分进行计算，得到各组渣的光学碱度值，见表 2-18。

表 2-18 17 组实验渣的光学碱度

渣号	白云石量/%	光学碱度	渣号	Al_2O_3量/%	光学碱度	渣号	B_2O_3量/%	光学碱度	渣号	Li_2O 量/%	光学碱度
1	0	0.81243	1	0	0.81243	1	0	0.81243	1	0	0.81243
2	2	0.81627	6	2	0.80784	10	2	0.79624	14	2	0.82306
3	4	0.82012	7	4	0.80342	11	4	0.78107	15	4	0.83323
4	6	0.82399	8	6	0.79915	12	6	0.76682	16	6	0.84296
5	8	0.82788	9	8	0.79503	13	8	0.75341	17	8	0.85229

光学碱度对渣的磷容量有较大的影响，用磷容量的对数值对光学碱度做图，见图 2-19。由图可见，光学碱度与磷容量的对数值间有明显的线性关系，两者关系方程见下式。

$$\log C_{P} = 20.68 + 1.60\Lambda \tag{2-36}$$

该式相关系数为 0.88，说明相关性较好，因此在所研究范围内光学碱度与磷容量间为线性关系。

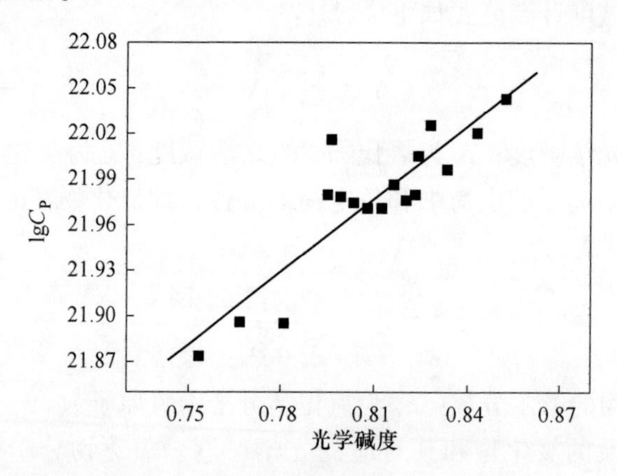

图 2-19 光学碱度对渣磷容量的影响

2.2.3.4 温度对预处理脱磷的影响

从上面的实验看出，用 Al_2O_3替代 CaF_2可以取得较好的实验效果，故研究预处理温度对脱磷的影响规律所用渣系（以 Al_2O_3替代 CaF_2）见表 2-19。实验所取温度为 1623K、1673K、1723K、1773K 四个温度，所用铁水成分为：$w[C]=3.74\%$；$w[Si]=0.06\%$；$w[Mn]=0.08\%$；$w[P]=0.073\%$；$w[S]=0.024\%$。

表 2-19 预处理温度对脱磷影响所用渣系 %

序 号	CaF_2	Al_2O_3	Fe_2O_3	CaO
1	8	0	52	40
2	6	2	52	40
3	4	4	52	40
4	2	6	52	40
5	0	8	52	40

在 1623K、1673K、1723K、1773K 四个温度预处理脱磷后实验结果分别见表 2-20。

表 2-20 温度对脱磷的影响

序号	渣组成/%				终点磷含量/%			
	CaF_2	Al_2O_3	Fe_2O_3	CaO	1623K	1673K	1723K	1773K
1	8	0	52	40	0.002	0.004	0.014	0.025
2	6	2	52	40	0.002	0.005	0.013	0.023
3	4	4	52	40	0.002	0.004	0.011	0.020
4	2	6	52	40	0.002	0.004	0.012	0.021
5	0	8	52	40	0.001	0.003	0.010	0.018

图 2-20 给出了温度对预处理脱磷的影响，可见温度对五种渣的预处理结果影响规律相似。

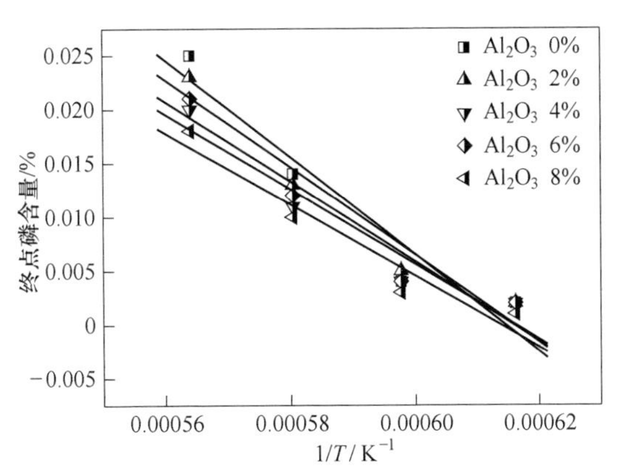

图 2-20 温度对预处理脱磷的影响

温度对脱磷的影响有双重效果：一脱磷是放热反应，低温有利于脱磷，降低温度，脱磷率升高，实验证明了这一点；二温度影响渣的熔化和流动性，温度降低，渣的流动性下降，脱磷的动力学条件恶化，而且由前面动力学分析可知，脱磷反应的限制性环节在于渣中磷的扩散，所以脱磷率随着温度降低会有所降低，实验数据呈现抛物线规律，在低温时脱磷率有降低的趋势就证明了这一点。由实验结果数据显示最佳脱磷温度为 1673K 左右，此温度下有利于渣的熔化，也有利于提高脱磷速度。

由图 2-20 还可以看出 Al_2O_3替代 CaF_2后脱磷率略有提高，但脱磷效果接近，特别是低温段(1623~1673K)五种渣十个实验终点磷含量都非常接近，最大相差仅 0.002%，而且在高温段(1673~1723K)十个实验终点磷含量最大相差也仅为 0.007%。

用 Al_2O_3替代 CaF_2预处理脱磷实验包括：温度、初始磷含量、Al_2O_3含量对脱磷的影响，一共进行了 25 组实验。由实验条件可知，25 组实验变量分别为温度、初始磷含量、Al_2O_3含量。为了分析各参数对脱磷率的影响规律，将这三个参数对脱磷率做多元非线性拟合，拟合曲线见下式。

$$\eta_P = 65.02093\,w[\%P]_{始} + 0.49665w(\%Al_2O_3) - 0.1912T + 407.86 \tag{2-37}$$

式（2-37）的相关系数为 0.98，可见该式完全可以反映出 Al_2O_3替代 CaF_2预处理脱磷的规律性。式（2-37）表明，渣中 Al_2O_3含量对脱磷率影响较小，在 0~8%范围内，脱磷率变化仅为 3.8%。

2.2.3.5 实际应用的综合分析

把各种物质替代 CaF_2后渣的熔点绘制于同一张图中，同时把各替代物在不同初始磷含量下的脱磷率绘制于同一图中，见图 2-21。

可见 B_2O_3和 Li_2O 的助熔性与 CaF_2相当，替代 CaF_2后熔点维持在一个较低水平，Al_2O_3的助熔作用虽然较 CaF_2弱，但替代后熔点仍然较低，特别是使用工业原料后熔点可再降低 91K 左右，表明用 Al_2O_3、B_2O_3和 Li_2O 替代 CaF_2可以满足预处理对渣的熔点要求，而白云石替代 CaF_2后熔点上升较快，特别是替代量较高时，熔点较高不太适合用作预处理渣。从图 2-21 还可以看出，对于各个不同初始磷含量都有相同的规律，即 Li_2O 替代 CaF_2的脱磷效果最好，其次为 Al_2O_3，而 B_2O_3和白云石替代 CaF_2的处理效果相当。从脱磷处理效果看四者都可以用来替代 CaF_2。

销售网络数据显示，氧化硼(>95%)的最低价格为 17500 元/t，Li_2CO_3 ($w(Li_2CO_3)$>98%)的最低价格为 22000 元/t，而高铝矾土($w(Al_2O_3)$>88%)的价格为 780 元/t，萤石($w(CaF_2)$>90%)价格为 950/t。按太钢不锈钢工艺，其渣量为 26kg/t，即渣量为金属量的 2.6%。假设替代渣中 8%CaF_2含量，渣量为金属量的 2.6%，则以 B_2O_3替代每吨成本将增加 34.11 元，Li_2O 替代每吨成本将增加 43.78 元，高铝矾土替代每吨成本则降低 0.35 元。

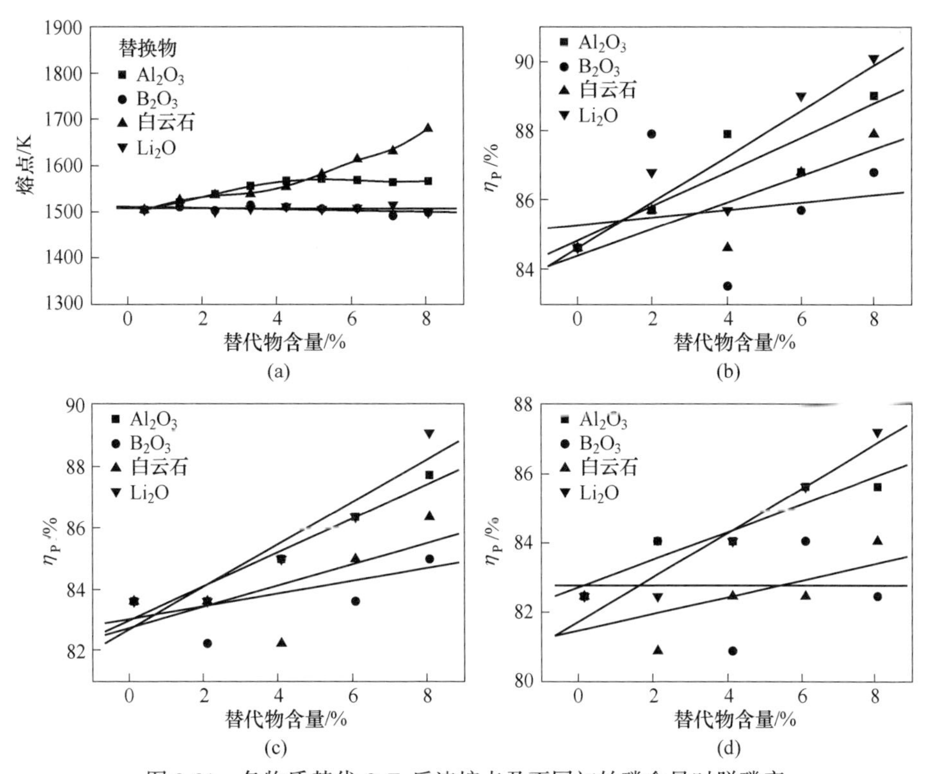

图 2-21 各物质替代 CaF_2 后渣熔点及不同初始磷含量时脱磷率

（a）熔点；（b）$w[P]_{in}=0.091\%$；（c）$w[P]_{in}=0.073\%$；（d）$w[P]_{in}=0.063\%$

综合以上三个方面可以看出，仅从脱磷效果看以 Li_2O 替代为最优，其次为 Al_2O_3、B_2O_3和白云石。若考虑工业应用成本，用 Al_2O_3替换 CaF_2为最佳，其次为 B_2O_3和 Li_2O。

2.3 本章小结

本章研究了铁水预处理脱磷渣低氟或无氟化问题，实验采用 Al_2O_3、B_2O_3、白云石和 Li_2O 四种物质替代预处理脱磷渣中 CaF_2，形成低氟或无氟预处理渣。实验测定了四种物质替代预处理脱磷渣中 CaF_2后渣的熔点，并研究了该渣系在 1723K 下对不同初始磷含量生铁的脱磷效果和 1623K、1673K、1723K、1773K 温度下的脱磷率，得出以下结论：

（1）从熔点角度考虑，用 B_2O_3、Li_2O、Al_2O_3替代 CaF_2配制低氟预处理渣是可行的，而白云石替代 CaF_2则熔点偏高。同时，以工业原料配制渣料的熔点测试结果表明，渣系熔点变化规律与分析纯试剂原料配制的渣料相一致，而且前者比后者熔点低，说明用工业原料配制预处理脱磷渣能够满足预处理对渣熔点的要求。

（2）从脱磷效果来看，用 Al_2O_3替代 CaF_2脱磷渣磷容量基本维持不变，原因在于光学碱度小幅下降，而渣中 FeO 和 Fe_2O_3的活度系数增大，脱磷渣的氧化性小幅升高；用 Li_2O 和白云石替换 CaF_2后预处理渣磷容量上升，而用 B_2O_3替换 CaF_2预处理渣磷容量有所下降。

（3）研究结果表明，磷容量与渣光学碱度的关系式为：

$$\lg C_P = 20.68 + 1.60\Lambda$$

初始磷含量、温度和 Al_2O_3含量对脱磷率的影响关系式为：

$$\eta_P = 65.02093\,w[\%P]_{始} + 0.49665w(\%Al_2O_3) - 0.1912T + 407.86$$

（4）配制低氟或无氟预处理脱磷渣的最佳替代物为 Li_2O，其次为 Al_2O_3、B_2O_3、白云石；考虑工业生产成本，用 Al_2O_3替代 CaF_2形成低氟（或无氟）预处理脱磷渣为最佳选择。

3 炉外精炼用新型低氟渣研究

目前经过炉外精炼的钢种所占比例越来越大，而且是生产高品质钢种的必要手段。一般钢厂炉外精炼的配制为 LF 炉外精炼加真空精炼，其中 LF 炉外精炼是必需的工艺过程。由文献可以看出[40~45]，目前 CaF_2 在炉外精炼期间还大量使用，本章研究目的在于，在不降低精炼渣冶金性能的基础上，降低精炼渣中 CaF_2 含量，所采用的研究思路是通过调整炉渣成分或添加其他氧化物来实现。本章研究内容包括：通过相图计算确定实验精炼渣系的组成，并研究该渣系脱硫、脱氧能力，夹杂物数量、组成及精炼期间钢中酸溶铝和回硅等问题。

3.1 低氟精炼渣熔化性能的研究

3.1.1 精炼渣熔化性能的理论分析

常用精炼渣组成为：CaO、SiO_2、Al_2O_3、MgO 和 CaF_2。CaF_2 具有很好的助熔性，但其负面影响亦较大，已有研究表明[53,54]，在渣中添加 B_2O_3，也有很好的助熔性，为此本章考虑用 B_2O_3 替代 CaF_2。

本书研究考虑两种渣系：一是 CaO-SiO_2-Al_2O_3-MgO-CaF_2 五元系；二是 CaO-SiO_2-Al_2O_3-MgO-CaF_2-B_2O_3 六元系。在 CaO-SiO_2-Al_2O_3 三元系中，存在三个低熔点区，如图 3-1[47] 中三个椭圆区域所示。以下采用商业热力学计算软件 Factsage 来研究 MgO 对 CaO-SiO_2-Al_2O_3 三元系和 B_2O_3 对 CaO-SiO_2-Al_2O_3-MgO 四元系熔点的影响，以确定其在渣系中的合适含量范围。

3.1.1.1 MgO 含量对 CaO-SiO_2-Al_2O_3 三元系熔点的影响

MgO 的熔点很高，但在渣中溶解未达到饱和时能够降低渣的熔点，考虑 CaO-SiO_2-Al_2O_3-MgO 四元系中 MgO 对溶解度的影响，计算时分别固定 MgO 含量为 0、1%、2%、3%、4%、5%、6%、7%、8%、9%、10%，计算 1773K 时 CaO-SiO_2-Al_2O_3-MgO 四元相图。

当 MgO 含量为 0 时，即为 CaO-SiO_2-Al_2O_3 三元系，计算结果见图 3-2，对比图 3-1 和图 3-2 发现两者的液相区一致，证明了 Factsage 相图计算的可靠性。由图 3-2 可见无 MgO 时在 1773K 下形成两个液相区，一个在 CaO · SiO_2 附近，一

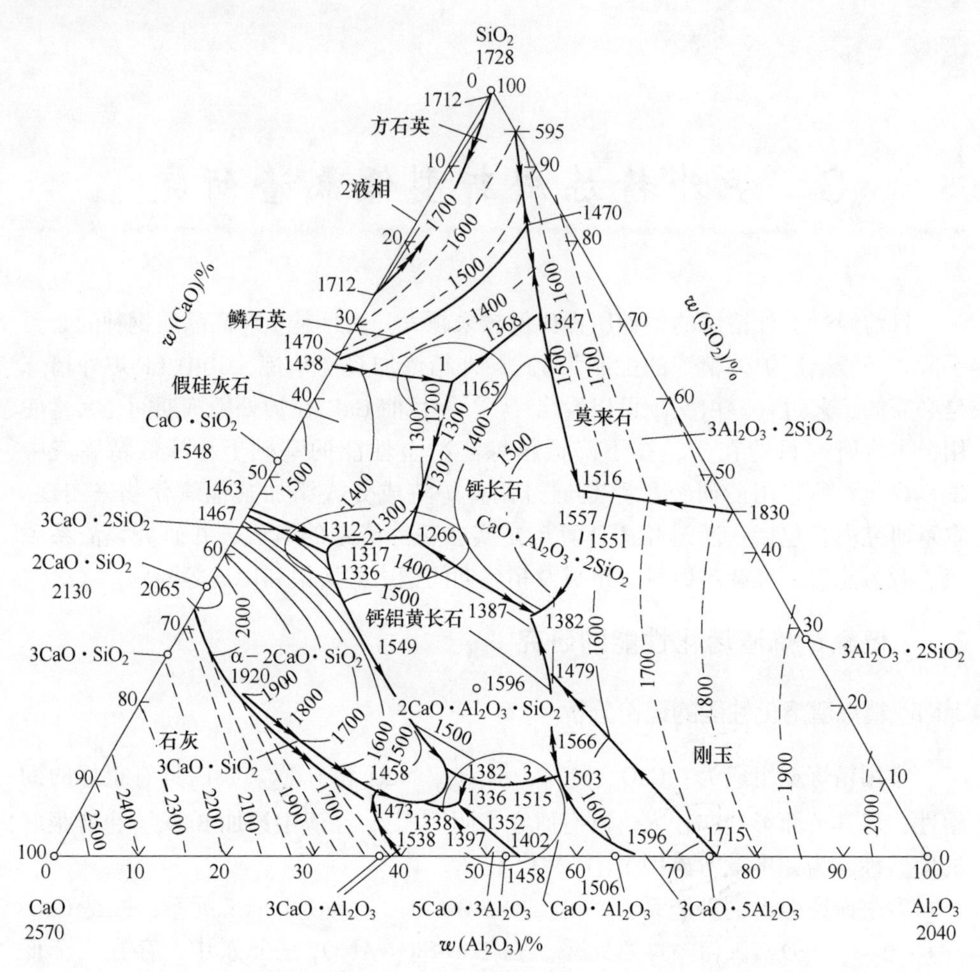

图 3-1 $CaO-SiO_2-Al_2O_3$ 相图及其中三个低熔点区

个在 $12CaO \cdot 7Al_2O_3$ 附近，即一个是高 SiO_2 渣区，另一个为高 Al_2O_3 渣区。高 Al_2O_3 渣区液相范围较小，但是其中 CaO 含量较高，而高 SiO_2 渣区则液相范围较大，但其中 CaO 含量超过 50%的区域较小，两液相区内存在 5 个固液共存区。

增加 MgO 含量到 1%~3%，计算该四元相图，结果见图 3-3，与图 3-2 相比，液相区增大，两液相之间由五个多相区减为三个，并逐渐减为两个，当 MgO 含量为 3%时两个液相区连为一片，说明 MgO 在此起了助熔作用。

图 3-4 显示了 MgO 含量为 0~10%的 11 个体系的液相线，可以明显看出 MgO 对 $CaO-SiO_2-Al_2O_3$ 体系熔点的影响情况，即 MgO 对 $CaO-SiO_2-Al_2O_3$ 体系的低碱度区域熔点影响较大，对高碱度区域影响相对较小，但 MgO 大于 5%以后两液相间的两相区即“$L+2CaO \cdot Al_2O_3 \cdot SiO_2$”消失，形成一个成分范围变化较大的液相区，可见渣中 MgO 含量为 8%时，可以通过调整渣中 CaO、SiO_2 和 Al_2O_3 含量

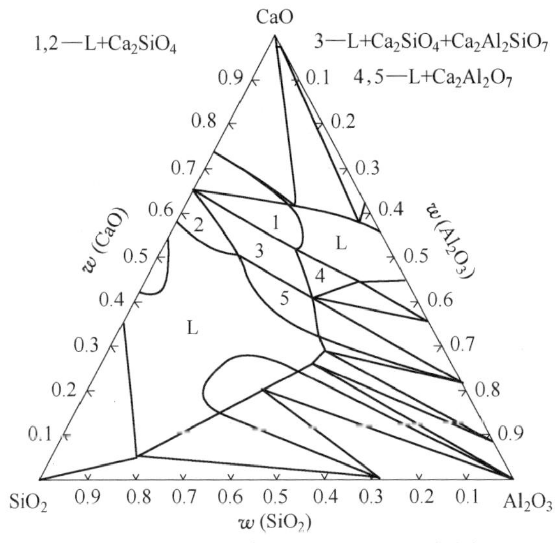

图 3-2 1773K 时 $CaO-SiO_2-Al_2O_3$ 相图

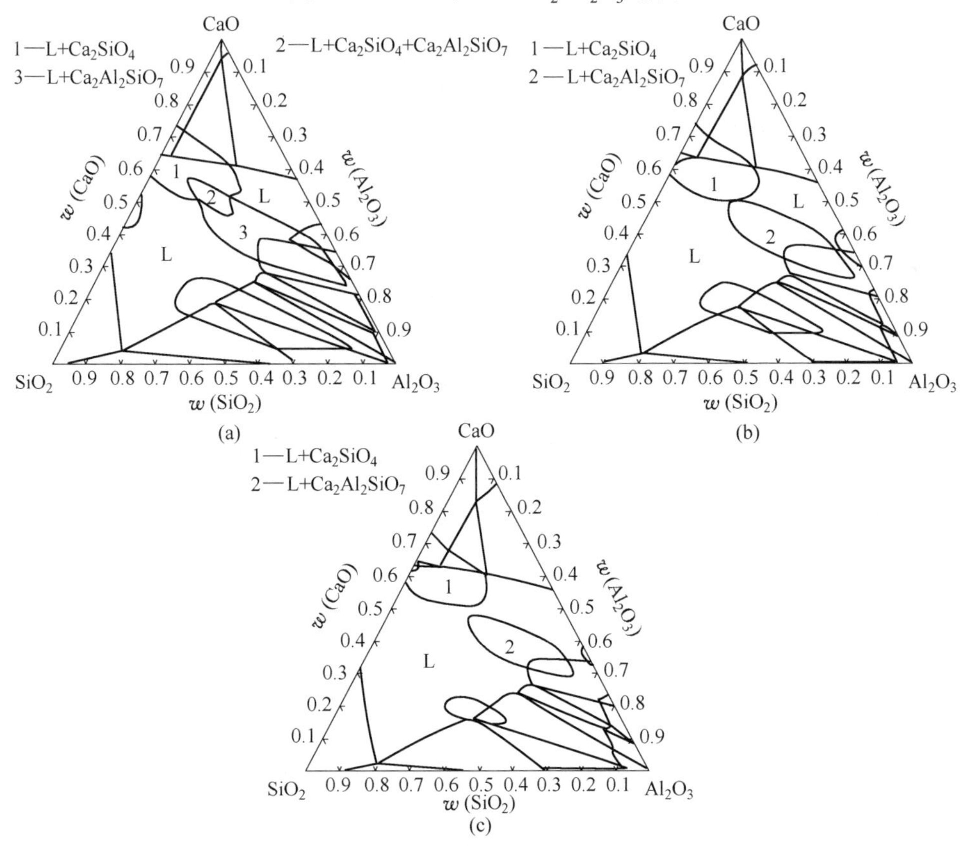

图 3-3 1773K 时 $CaO-SiO_2-Al_2O_3-MgO$（1%～3%）相图

（a）MgO 1%；（b）MgO 2%；（c）MgO 3%

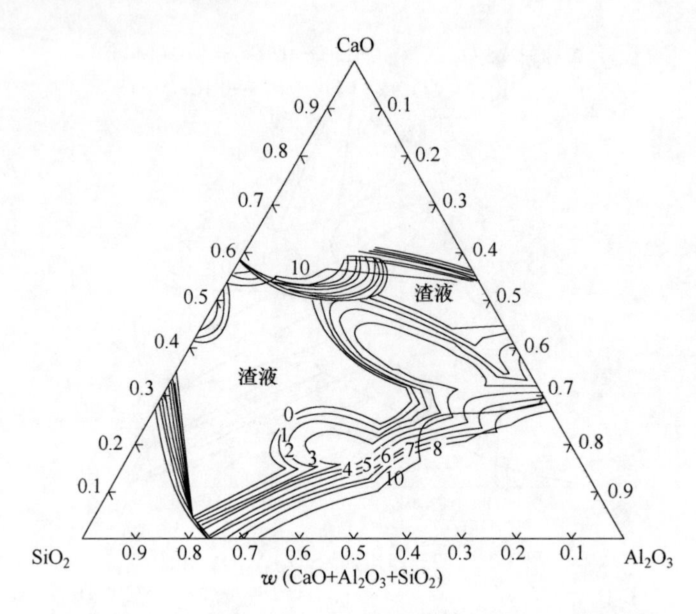

图 3-4 1773K 时 $CaO-SiO_2-Al_2O_3-MgO$（0~10%）体系液相线

形成低氟或无氟精炼渣系。MgO 大于 10%时在高碱度区液相线下移显著，说明 MgO 已经达到饱和。由此可以看出 MgO 含量需控制在 5%~8%之间，这样可以减少耐材中 MgO 的熔出，而且高 Al_2O_3 区 MgO 的溶解度较小，故在计算$B_2O_3-CaO-SiO_2-Al_2O_3-MgO$ 五元系相图时固定其中 MgO 为 8%。

以上计算说明，1773K 时 MgO 对 $CaO-SiO_2-Al_2O_3$ 体系熔点降低的贡献在于把该三元系的两个液相区合为一个液相区，从而增加 SiO_2 和 Al_2O_3 成分在液相区内的可调范围，而对增加渣中 CaO 的饱和溶解度贡献不大。

3.1.1.2 B_2O_3 对 $CaO-SiO_2-Al_2O_3-MgO$ 四元系熔点的影响

B_2O_3 熔点低，仅为 723K，能与 CaO 形成四种低熔点复合氧化物，与 MgO 形成三种低熔点复合氧化物，分别见 $CaO-B_2O_3$ 和 $MgO-B_2O_3$ 相图（图 3-5a、b），同时也能通过发生包晶反应降低 SiO_2 和 Al_2O_3 的熔点，见 $SiO_2-B_2O_3$ 和 $Al_2O_3-B_2O_3$ 相图（图 3-5 中 c、d）。

用 Factsage 计算 B_2O_3 对 $CaO-SiO_2-Al_2O_3-MgO$ 8%熔点的影响，当 B_2O_3 含量分别为 1%~3%时的相图见图 3-6，可见 B_2O_3 含量为 2%时在低碱度区有一个新的两相区出现，即 Slag-liquid+$9Al_2O_3 \cdot 2B_2O_3$，随着 B_2O_3 含量的升高，该区域不断增大，并向高碱度区域延伸。在高碱度区的两个两相区：Slag-liquid+$2CaO \cdot SiO_2$ 和 Slag-liquid+CaO，随 B_2O_3 含量的升高两区域不断缩小，并向高碱度区域移动，说明 B_2O_3 对 $CaO-SiO_2-Al_2O_3-MgO$ 8%体系具有较好的助熔作用。

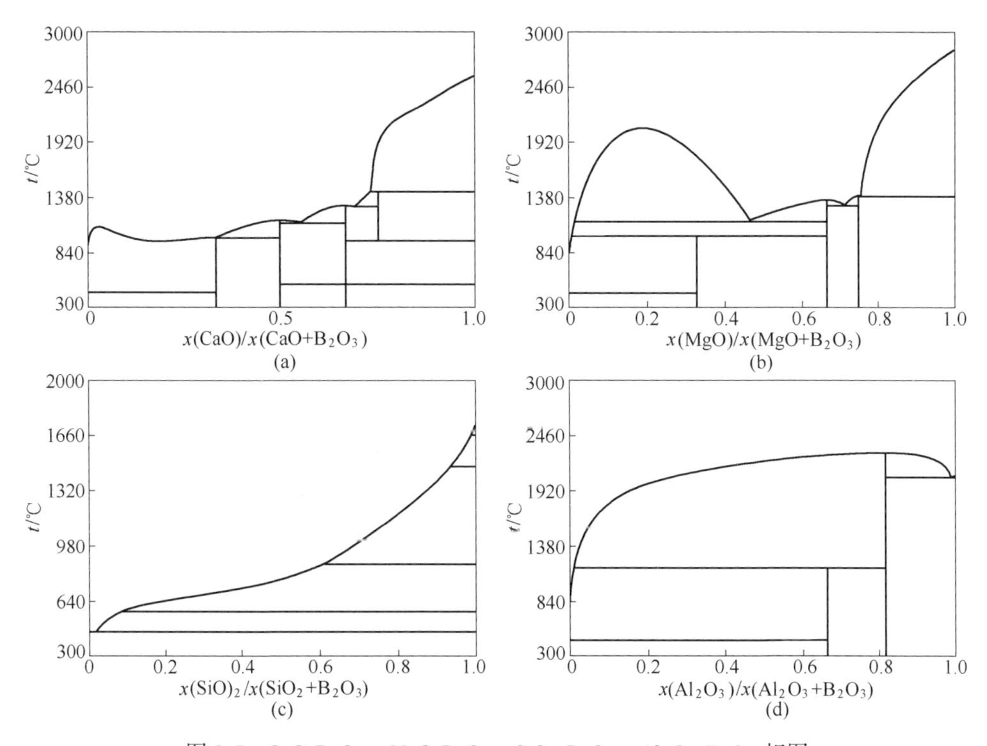

图 3-5 $CaO-B_2O_3$、$MgO-B_2O_3$、$SiO_2-B_2O_3$、$Al_2O_3-B_2O_3$ 相图

（a）$CaO-B_2O_3$ 相图；（b）$MgO-B_2O_3$ 相图；（c）$SiO_2-B_2O_3$ 相图；（d）$Al_2O_3-B_2O_3$ 相图

B_2O_3 含量在 0~8%时，$CaO-SiO_2-Al_2O_3-MgO$ 8%体系液相线变化情况见图 3-7。可见，B_2O_3 明显降低了 CaO 一侧渣熔点，SiO_2 一侧熔点只是略有降低，而升高了 Al_2O_3 一侧熔点。以上相图表明，渣中添加 B_2O_3 可以形成低熔点的高碱度精炼渣系，但由图 3-6 还可以看出 B_2O_3 大于 8%以后 Slag-liquid+$9Al_2O_3 \cdot 2B_2O_3$

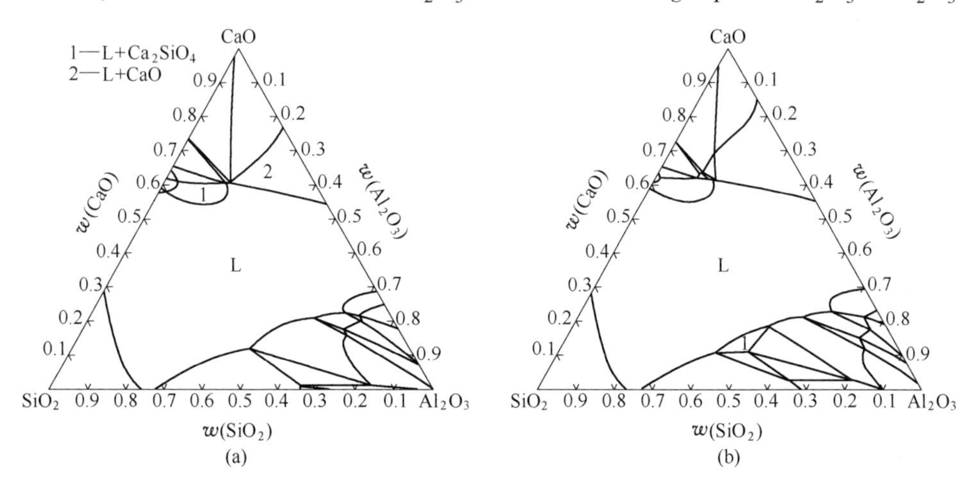

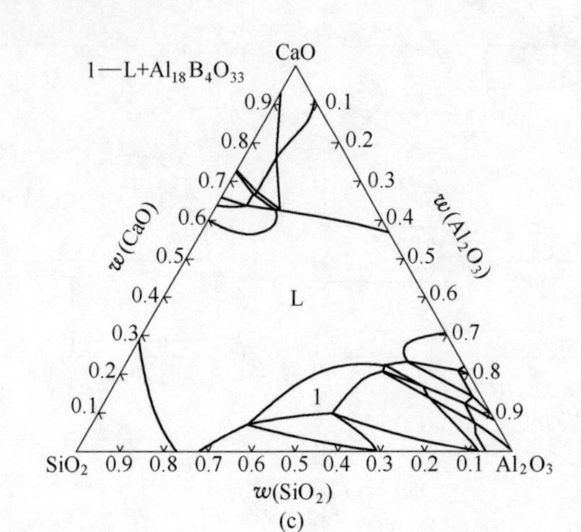

图 3-6 1773K 时 $CaO-SiO_2-Al_2O_3-MgO$ 8%-B_2O_3 相图

（a）B_2O_3 1%；（b）B_2O_3 2%；（c）B_2O_3 3%

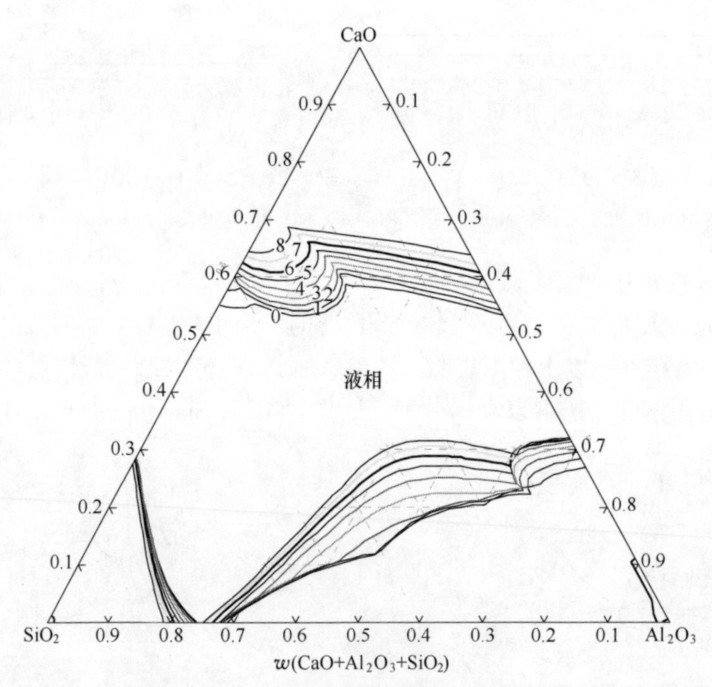

图 3-7 1773K 时 $CaO-SiO_2-Al_2O_3-MgO$ 8%-B_2O_3（0~8%）体系液相线

区域面积严重扩大，而且 B_2O_3 为强酸性物质，其含量太大不利于脱硫，所以确定渣中 B_2O_3 添加量的上限为 8%。以上计算说明，B_2O_3 对 $CaO-SiO_2-Al_2O_3-MgO$ 8% 体系有很强的助熔作用，渣中添加 B_2O_3 能够形成高碱度低氟或无氟精炼渣。

3.1.2 渣系熔化性能的实验测定

前面已经确定精炼渣的基本组成为 $CaO-SiO_2-Al_2O_3-MgO-CaF_2$ 五元系和 $CaO-SiO_2-Al_2O_3-MgO-CaF_2-B_2O_3$ 六元系。由相图计算结果可知渣中含 8%MgO，不仅可以降低渣熔点，还可以减小渣对耐火材料的侵蚀，所以本书研究确定渣中 MgO 含量为 8%，并根据相图计算确定 B_2O_3 添加量上限为 8%，结合目前各厂精炼渣实际组成确定本书实验渣的化学成分组成[40~45]，见表 3-1。

表 3-1 实验精炼渣化学成分组成（质量分数） %

实验号	CaO	SiO_2	Al_2O_3	MgO	CaF_2	B_2O_3
1	52	14	16	8	10	0
2	52	14	18	8	8	0
3	52	14	20	8	6	0
4	52	14	22	8	4	0
5	52	14	24	8	2	0
6	52	14	26	8	0	0
7	52	16	16	8	8	0
8	52	18	16	8	6	0
9	52	20	16	8	4	0
10	52	22	16	8	2	0
11	52	24	16	8	0	0
12	54	14	16	8	8	0
13	56	14	16	8	6	0
14	58	14	16	8	4	0
15	60	14	16	8	2	0
16	62	14	16	8	0	0
17	52	14	18	8	6	2
18	52	14	18	8	4	4
19	52	14	18	8	2	6
20	52	14	18	8	0	8

由前面的相图计算可以发现，在 1773K 时，Al_2O_3 含量为 26%的无氟精炼渣，即表 3-1 中第 6 号渣已经处于液态渣区，同样对于含 SiO_2 24%和 B_2O_3 8%的无氟渣，在 1773K 时也处于液态渣区，只有含 CaO 62%的无氟渣在 1773K 时处于固液两相区，为了确定表 3-1 中渣的熔点，实验具体过程如下：

(1) 将实验所用原料在 573K 下烘干 1h，用 0.074mm（200 目）的筛子筛选

0.074mm（200目）以下的粉末；

（2）按照所设计的配比称取各原料，并在研钵内研磨30min混匀；

（3）加一定量的浆糊（约6%）制备 ϕ3mm×3mm的试样，并在常温下阴干24h；

（4）通过熔点测定仪测得熔点，每种配料重复试验三次，取平均值作为熔点。

估计实验渣系熔点均在1473K以上，所以在炉温高于1473K时选取升温速度为4.5K/min，将试样在1473K时放入炉内，以半球点作为熔点。实验设备与测量铁水预处理渣熔点时完全相同，实验结果见表3-2，其中第16组熔点太高，所用仪器无法测得。

表3-2　实验精炼渣熔点测试结果

实验号	$w(CaO)/\%$	$w(SiO_2)/\%$	$w(Al_2O_3)/\%$	$w(MgO)/\%$	$w(CaF_2)/\%$	$w(B_2O_3)/\%$	熔点/K
1	52	14	16	8	10	0	1626
2	52	14	18	8	8	0	1630
3	52	14	20	8	6	0	1637
4	52	14	22	8	4	0	1638
5	52	14	24	8	2	0	1644
6	52	14	26	8	0	0	1649
7	52	16	16	8	8	0	1635
8	52	18	16	8	6	0	1662
9	52	20	16	8	4	0	1680
10	52	22	16	8	2	0	1667
11	52	24	16	8	0	0	1686
12	54	14	16	8	8	0	1632
13	56	14	16	8	6	0	1664
14	58	14	16	8	4	0	1761
15	60	14	16	8	2	0	1829
16	62	14	16	8	0	0	—
17	52	14	18	8	6	2	1624
18	52	14	18	8	4	4	1620
19	52	14	18	8	2	6	1627
20	52	14	18	8	0	8	1611

由表中数据做图，见图3-8可以看出，除了CaO含量较高时熔点较高以外，其余渣熔点都在1686K以内，Al_2O_3 替代 CaF_2 后熔点有少许上升，而 B_2O_3 替代 CaF_2 后却略有降低，所以从熔点角度考虑表3-1中渣系可以满足精炼要求。

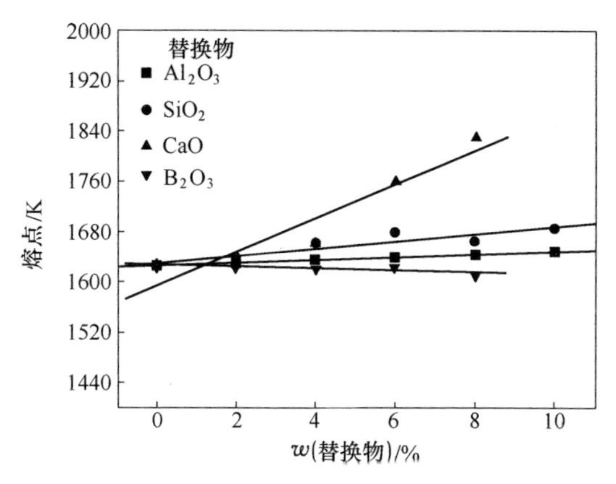

图 3-8 替代物含量与渣熔化性能的关系

3.2 低氟炉外精炼渣脱硫的研究

脱硫是炉外精炼的重要任务之一，脱硫必须有渣的参与，精炼渣的脱硫能力是精炼渣重要性质之一，硫容量常用来表示渣的脱硫能力。由于生产效率的要求，脱硫还必须有速度要求。本节主要研究低氟精炼渣的脱硫，包括渣脱硫的动力学和热力学问题。

3.2.1 实验方法

实验所选基础渣为前面相图计算确定的渣系，配方见表 3-1。具体的实验内容包括含氟、低氟和无氟精炼渣脱硫动力学实验和脱硫热力学实验两大部分。

实验在 $MoSi_2$作为发热体的高温炉内进行，采用 CHINO 公司的 KP-1000 系列控温仪控制温度，精度为 ± 3K。选取工业实验钢种 Q235，其成分为：C 0.16%、Si 0.25%、Mn 0.56%、P 0.017%、S 0.024%，实验在氮气保护下进行，实验温度为 1823K。

脱硫动力学实验具体步骤如下：

（1）升温到实验温度 1823K，在温度为 1673K 时开始通氮气；

（2）在升温过程中称取金属 250g，配制渣料 12.5g（金属料的 5%），共进行五组实验，分别为第 1、6、11、16、20 组；

（3）温度达到 1823K 后把金属料放入刚玉坩埚内，外套石墨坩埚，放入管式高温炉的恒温段；

（4）金属熔化后用石英管取样；

（5）加入渣料，脱硫处理 50min，前 30min 内每隔 4min 取样一次，后 20min 内每隔 10min 取样一次；

（6）处理结束后取出渣铁试样空冷，进行成分分析，数据处理。

精炼渣脱硫热力学实验的步骤如下：

（1）升温到实验温度1823K，在温度升至1673K时开始通入氮气；

（2）升温过程中称取金属150g，按表3-1配制渣料，渣重7.5g（金属料的5%）；

（3）温度达到1823K后把金属料放入刚玉坩埚内，刚玉坩埚外套石墨坩埚，放入管式高温炉的恒温段；

（4）加入渣料，脱硫处理35min后取样并测定氧活度；

（5）脱硫处理结束后取出空冷，进行成分分析，处理数据。

3.2.2 精炼渣脱硫动力学结果及分析

3.2.2.1 动力学实验结果

基础渣系和四种无氟精炼渣脱硫实验过程中的硫含量测定结果见表3-3，据表中数据做图，见图3-9。由图表可以看出，五组实验渣都具有较强的脱硫能力，最终脱硫率都达到90%以上，可以看出脱硫反应达到平衡所用的时间在30min后都接近平衡。其中，以 Al_2O_3 和 B_2O_3 替代 CaF_2 的脱硫速度与使用 CaF_2 的渣系相当，而以 SiO_2 和 CaO 替代 CaF_2 的脱硫速度较低。

表3-3 脱硫时间与钢液中硫含量（质量分数） %

脱硫时间/min		0	4	8	12	16	20	24	30	40	50
实验号	1	0.024	0.020	0.017	0.014	0.012	0.009	0.007	0.005	0.003	0.004
	6	0.024	0.021	0.017	0.015	0.012	0.011	0.008	0.005	0.006	0.004
	16	0.024	0.022	0.02	0.017	0.015	0.014	0.013	0.009	0.008	0.008
	11	0.024	0.022	0.019	0.017	0.014	0.013	0.012	0.008	0.009	0.008
	20	0.024	0.021	0.017	0.015	0.011	0.01	0.009	0.009	0.008	0.01

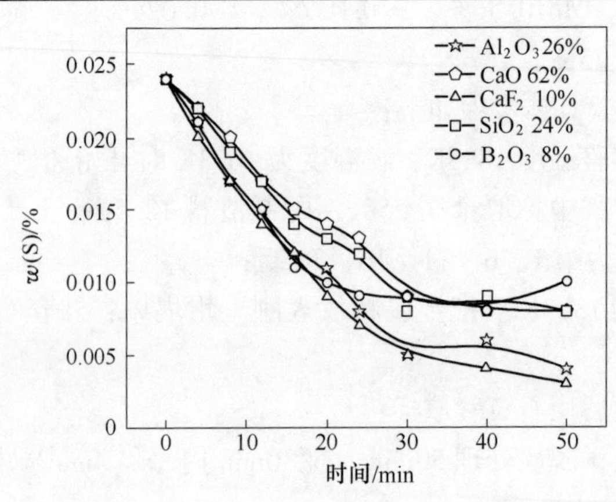

图3-9 不同精炼渣在1823K下处理时间与过程硫含量的关系

3.2.2.2 精炼过程脱硫动力学分析

根据炉渣离子结构理论，渣-铁之间脱硫反应如下[85~91]：

$$[S] + (O^{2-}) \xlongequal{} (S^{2-}) + [O] \tag{3-1}$$

由双膜理论可知，脱硫过程由以下三个步骤构成[74]：

(1) 反应物的传质，包括$[S] \rightarrow [S]^*$，即钢液中硫由钢液内部向钢-渣界面的传质；$(O^{2-}) \rightarrow (O^{2-})^*$，即熔渣中的氧离子从熔渣内部向钢-渣界面的传质；

(2) $[S]^* + (O^{2-})^* = (S^{2-})^* + [O]^*$，即钢-渣界面上硫和氧离子发生界面反应；

(3) 产物的扩散，包括$(S)^* \rightarrow (S)$，即界面上生成的硫离子由钢-渣界面向熔渣内部的传质；$[O^{2-}]* \rightarrow [O^{2-}]$，即界面上生成的氧由钢-渣界面向钢液内部传质。

由于反应在1550℃下进行，反应温度很高，化学反应速度相当快，所以步骤（2）不是脱硫过程的限制性环节，在其他步骤中$(O^{2-}) \rightarrow (O^{2-})^*$和$(S)^* \rightarrow (S)$发生在熔渣中；$[S] \rightarrow [S]^*$和$[O^{2-}]^* \rightarrow [O^{2-}]$发生在钢液中。[S] 是表面活性元素，能够强烈降低钢液的表面张力，其表面活性仅次于氧，能自发地聚集在钢液表面，而且钢液的黏度远低于渣，比渣黏度小两个数量级[15]，传质速率相对较快，所以钢液中的传质步骤$[S] \rightarrow [S]^*$和$[O^{2-}]^* \rightarrow [O^{2-}]$也不会成为脱硫的限制性环节。

为此，精炼脱硫过程的限制性环节应为渣中的传质，即$(O^{2-}) \rightarrow (O^{2-})^*$和$(S)^* \rightarrow (S)$。由于氧在渣中的扩散系数要比硫高，所以精炼脱硫过程的限制性环节为硫在渣液中的扩散。脱硫动力学方程可由下式[86,88]表示。

$$v_S = -\frac{dw[S]}{dt} = k_S\{w[\%S]L_S - w(\%S)\} \tag{3-2}$$

利用硫的质量平衡关系式：

$$w(\%S) = w(\%S)^0 + \frac{w[\%S]^0 - w[\%S]}{\dfrac{m_{(S)}}{m_{(m)}}} \tag{3-3}$$

式中，$w[\%S]^0$ 和$w(\%S)^0$ 分别为铁水及熔渣的初始硫的质量分数，%；$\dfrac{m_{(S)}}{m_{(m)}}$ 为渣金比。将式（3-3）代入式（3-2），消去%(%S) 得：

$$v_S = -\frac{dw[\%S]}{dt} = k_S\left[\left(L_S + \frac{m_{(m)}}{m_{(S)}}\right) \cdot w[\%S] - \left(w(\%S)^0 + w[\%S]^0 \times \frac{m_{(m)}}{m_{(S)}}\right)\right] \tag{3-4}$$

式中，$k_S = \beta_S \times \frac{A}{V_m} \times \frac{\rho_S}{\rho_m}$，$\beta_S$ 为（S）的传质系数。

对上式积分得：

$$\ln \frac{w[\%S] - w[\%S]_{平}}{w[\%S]^0 - w[\%S]_{平}} = -at \tag{3-5}$$

而 $$w[\%S] = (w[\%S]^0 - w[\%S]_{平}) \cdot \exp(-at) + w[\%S]_{平} \tag{3-6}$$

式中 $$a = \beta_S \times \frac{A}{V_m} \times \frac{\rho_S}{\rho_m} \times \left(L_S + \frac{m_{(m)}}{m_{(S)}}\right) \tag{3-7}$$

将 β_S、$\frac{A}{V_m}$ 及 L_S 视为常数，即可求出各动力学参数。

对表 3-3 中脱硫时间与钢液中硫含量数据用式（3-5）进行处理，其结果见图 3-10，并回归得出五条直线，CaF_2 含量为 10%和以 Al_2O_3、SiO_2、CaO、B_2O_3 分别替代 CaF_2形成无氟渣的回归动力学方程分别如下：

$$\ln \frac{w[\%S] - 0.003}{0.024 - 0.003} = 0.07205 - 0.06093t \quad R = 0.994 \tag{3-8}$$

$$\ln \frac{w[\%S] - 0.005}{0.024 - 0.005} = 0.04644 - 0.0511t \quad R = 0.995 \tag{3-9}$$

$$\ln \frac{w[\%S] - 0.008}{0.024 - 0.008} = 0.156 - 0.10663t \quad R = 0.979 \tag{3-10}$$

$$\ln \frac{w[\%S] - 0.009}{0.024 - 0.009} = 0.19392 - 0.07898t \quad R = 0.990 \tag{3-11}$$

$$\ln \frac{w[\%S] - 0.008}{0.024 - 0.008} = 0.7852 - 0.06329t \quad R = 0.983 \tag{3-12}$$

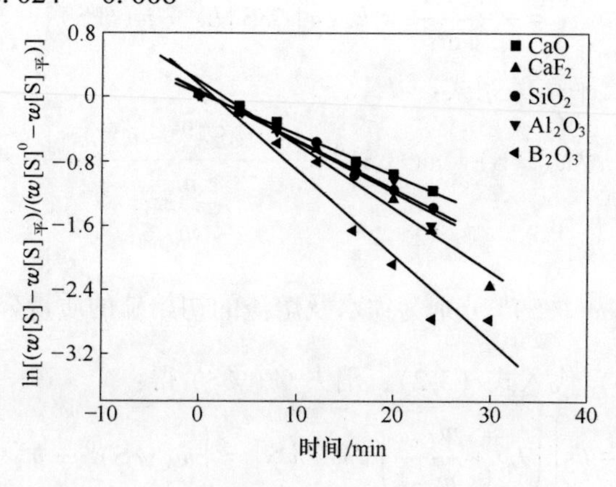

图 3-10 五种精炼渣 1823K 下脱硫动力学曲线

直线的线性相关系数表明这五种精炼渣系的脱硫都处于渣中硫扩散的限制范围内。根据拟合方程斜率和已知钢水密度、渣密度、渣用量和坩埚面积，可利用式（3-7）求出（S）在渣中的扩散系数。对于 CaF_2 含量为 10%和 Al_2O_3、SiO_2、CaO 和 B_2O_3 分别替代 CaF_2 形成的无氟渣，硫在渣中的扩散速度分别为 0.0024cm/min、0.0019cm/min、0.0018cm/min、0.0015cm/min、0.0032cm/min。由硫在渣中的扩散速度可以看出，硫在这五种渣中的扩散速度接近，B_2O_3 替代 CaF_2后动力学条件略有改善，而 Al_2O_3 替代 CaF_2后动力学条件略有降低。

3.2.3 精炼渣脱硫热力学研究

根据前面动力学实验结果显示，脱硫反应在 30min 后都接近平衡，所以精炼渣脱硫实验时间确定为 35min。脱硫终点硫含量见表 3-4，其中相应氧活度为固体电解质定氧探头测定值，由表 3-4 中数据做图，见图 3-11。

表 3-4 不同精炼渣系脱硫结果及终点氧活度

实验号	渣组成（质量分数）/%						终点硫含量/%	$a_{[O]}$ $\times10^{-6}$
	CaO	SiO_2	Al_2O_3	MgO	CaF_2	B_2O_3		
1	52	14	16	8	10	0	0.005	4
2	52	14	18	8	8	0	0.004	3
3	52	14	20	8	6	0	0.005	6
4	52	14	22	8	4	0	0.004	4
5	52	14	24	8	2	0	0.005	6
6	52	14	26	8	0	0	0.006	8
7	52	16	16	8	8	0	0.005	4
8	52	18	16	8	6	0	0.006	6
9	52	20	16	8	4	0	0.008	11
10	52	22	16	8	2	0	0.007	7
11	52	24	16	8	0	0	0.009	12
12	54	14	16	8	8	0	0.007	9
13	56	14	16	8	6	0	0.006	7
14	58	14	16	8	4	0	0.005	5
15	60	14	16	8	2	0	0.007	10
16	62	14	16	8	0	0	0.01	20
17	52	14	18	8	6	2	0.007	9
18	52	14	18	8	4	4	0.009	17
19	52	14	18	8	2	6	0.010	21
20	52	14	18	8	0	8	0.010	20

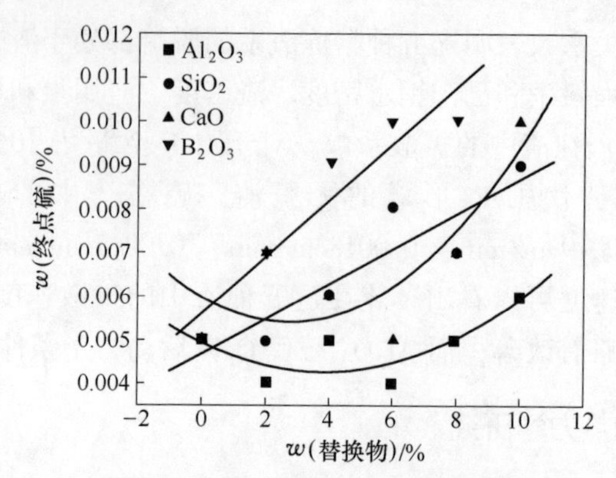

图 3-11 渣组成与终点硫含量的关系

可以明显看出，Al_2O_3代替CaF_2时终点硫含量相差不大，仅从0.005%上升到0.006%；而SiO_2和B_2O_3代替CaF_2时脱硫率明显降低，终点硫含量从0.005%升高到0.01%左右；用CaO代替CaF_2时终点硫含量呈下降趋势，当CaO含量大于58%后上升，说明该渣系CaO含量不宜大于58%，分析其原因，可能是大于58% CaO渣系的熔点太高不利于脱硫。

脱硫的化学反应方程式如下[74]：

$$[S] + (CaO) = (CaS) + [O] \tag{3-13}$$

可知钢水中氧活度对脱硫有重要的影响。各物质对精炼终点氧活度的影响见表3-4。表3-4中的钢液氧活度与硫含量的关系见图3-12。由图可见，随着钢液中氧含量的增加终点硫含量明显上升，说明脱硫的同时钢液中氧活度增加，要提高脱硫效率必须加强脱氧。

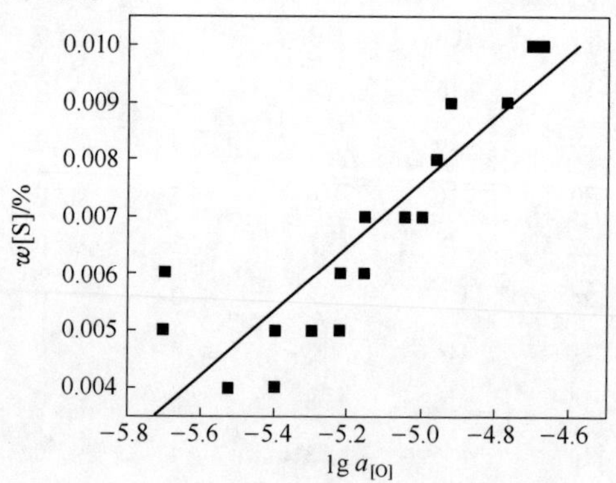

图 3-12 终点氧活度对终点硫含量的影响

硫容量是表征渣脱硫能力的一个重要参数，硫容量用C_S表示，其定义如下[92~101]：

$$C_S = w(\%S)\left(\frac{p_{O_2}}{p_{S_2}}\right)^{1/2} \tag{3-14}$$

硫容量又分渣-气硫容量和渣-钢硫容量。炉渣脱除气相中硫的能力称为渣-气硫容量，其值可根据渣-气间的平衡反应来测量：

$$\frac{1}{2}S_2 + (O^{2-}) = (S^{2-}) + \frac{1}{2}O_2 \tag{3-15}$$

炉渣脱除钢液中硫的能力可用渣-钢硫容量来表征，其值可根据渣-钢间的平衡反应来测量：

$$[S] + (O^{2-}) = (S^{2-}) + [O] \tag{3-16}$$

$$C'_S = w(\%S)\left(\frac{a_{[O]}}{a_{[S]}}\right) \tag{3-17}$$

据氧气和气态硫向铁水中溶解的自由能值可得如下关系：

$$[S] + \frac{1}{2}O_2 = [O] + \frac{1}{2}S_2 \qquad \Delta G = 17910 - 26.30T \quad (\text{J/mol}) \tag{3-18}$$

$$k_S = \frac{[a_O]}{[a_S]}\left(\frac{p_{S_2}}{p_{O_2}}\right)^{1/2} \tag{3-19}$$

综合上述式（3-17）~式（3-19）可得：

$$C'_S = k_S C_S \tag{3-20}$$

即：

$$\lg C'_S = \lg C_S - \frac{935}{T} + 1.375 \tag{3-21}$$

除硫容量以外，炉渣脱除钢液中硫的能力还可用渣-钢间硫的分配比来表征：

$$L_S = \frac{w(\%S)}{w[\%S]} \tag{3-22}$$

根据渣-钢间硫的平衡反应和气-钢间硫和氧的平衡，可计算渣-钢间硫的分配比如下：

$$\lg L_S = \lg\frac{w(\%S)}{w[\%S]} = \lg C'_S + \lg f_S - \lg a_{[O]} \tag{3-23}$$

$$\lg L_S = \lg\frac{w(\%S)}{w[\%S]} = \lg C_S + \lg f_S - \lg a_{[O]} - \frac{935}{T} + 1.375 \tag{3-24}$$

可以看出，硫容量和硫在渣-钢间的分配比与渣的组成和脱氧有关，对于不同的精炼渣，提高碱度，降低渣中 FeO 含量有利于提高精炼渣的脱硫能力。

如果采用铝脱氧有：

$$(Al_2O_3) = 2[Al] + 3[O] \tag{3-25}$$

$$\lg k_O = \lg\frac{a_{Al}^2 \cdot a_O^3}{a_{Al_2O_3}} = -\frac{64900}{T} + 30.63 \tag{3-26}$$

可得出硫的分配比的表达式为：

$$\lg L_S = \lg C_S - \frac{1}{3}\lg a_{Al_2O_3} + \frac{2}{3}\lg a_{Al} + \frac{21168}{T} - 5.703 \tag{3-27}$$

可以看出，精炼渣脱硫能力与其化学组成和脱氧方式有重要关系。铝作为脱氧剂，一方面可增加渣中 Al_2O_3 活度，降低脱硫效率；另一方面可增加钢液中酸溶铝含量，又增加脱硫铝，而且渣中 Al_2O_3 还对脱硫动力学会产生一定影响，所以 Al 对脱硫的影响比较复杂，必须进行综合考虑。

通过计算得到的脱硫率、硫的分配比和硫容量见表 3-5，渣组成对硫容量的影响见图 3-13。由图表可以看出，提高渣中 Al_2O_3 含量到 22%、提高 CaO 含量到 58%、提高 B_2O_3 含量到 4%均可增加渣的硫容量，而增加 SiO_2 则降低渣的硫容量，但 SiO_2 含量控制在 18%以内时硫容量下降不大。

表 3-5 精炼渣配比与脱硫率、硫分配比和硫容量

实验号	渣组成（质量分数）/%						η_S/%	L_S	C_S
	CaO	SiO_2	Al_2O_3	MgO	CaF_2	B_2O_3			
1	52	14	16	8	10	0	79.17	76	0.0257
2	52	14	18	8	8	0	83.33	100	0.0317
3	52	14	20	8	6	0	79.17	76	0.0385
4	52	14	22	8	4	0	83.33	100	0.0422
5	52	14	24	8	2	0	87.50	140	0.0394
6	52	14	26	8	0	0	87.50	140	0.0394
7	52	16	16	8	8	0	79.17	76	0.0257
8	52	18	16	8	6	0	75.00	60	0.0253
9	52	20	16	8	4	0	66.67	40	0.0232
10	52	22	16	8	2	0	70.83	48.6	0.0205
11	52	24	16	8	0	0	62.50	33.3	0.0188
12	54	14	16	8	8	0	70.83	48.6	0.0264
13	56	14	16	8	6	0	75.00	60	0.0296
14	58	14	16	8	4	0	79.17	76	0.0321
15	60	14	16	8	2	0	70.83	48.6	0.0293
16	62	14	16	8	0	0	58.33	28	0.0236
17	52	14	18	8	6	2	70.83	48.6	0.0264
18	52	14	18	8	4	4	62.50	33.3	0.0266
19	52	14	18	8	2	6	58.33	28	0.0248
20	52	14	18	8	0	8	58.33	23.6	0.0236

Al_2O_3 增加量较小时对其活度影响较小，可提高铝的脱氧效果，但随着 Al_2O_3 含量的不断增加，碱度降低幅度增大，同时 SiO_2 的活度增加，其还原量增加，脱氧效果降低，随之渣的硫容量下降。用 Factsage 计算用 Al_2O_3 替代 CaF_2 后渣中各物质的活度见图 3-14，可见，Al_2O_3 和 SiO_2 的活度都随其含量的增加而提高，而且 Al_2O_3 含量低于 22%时两者活度变化较小，Al_2O_3 含量高于 22%时两者活度均快速增加；而渣中碱性氧化物 CaO 和 MgO 的活度在 Al_2O_3 含量低于 22%时变化较小，大于 22%时迅速下降。有研究表明 CaF_2 含量大于 3%时渣中会形成高熔点的 $11CaO \cdot 7Al_2O_3 \cdot CaF_2$，其熔点高达 1850K，随着 Al_2O_3 替代 CaF_2

数量的增多，该高熔点物质生成量减少，但 CaO 与 Al_2O_3 的结合量增多，表现为活度随 Al_2O_3 含量变化出现图 3-14 的趋势，这与前面硫容量与 Al_2O_3 间的变化关系相一致。

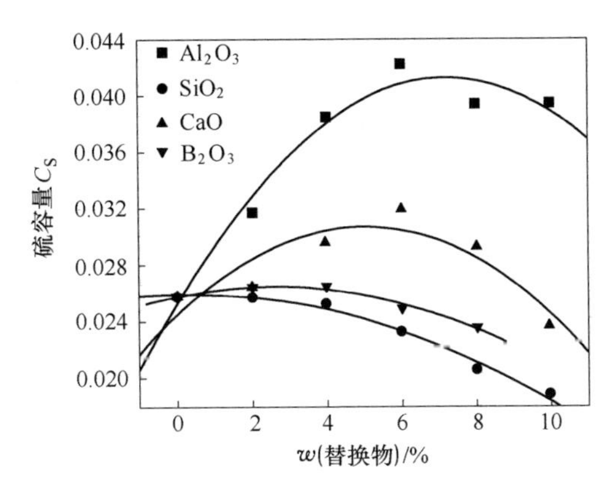

图 3-13 渣组成对精炼渣硫容量的影响

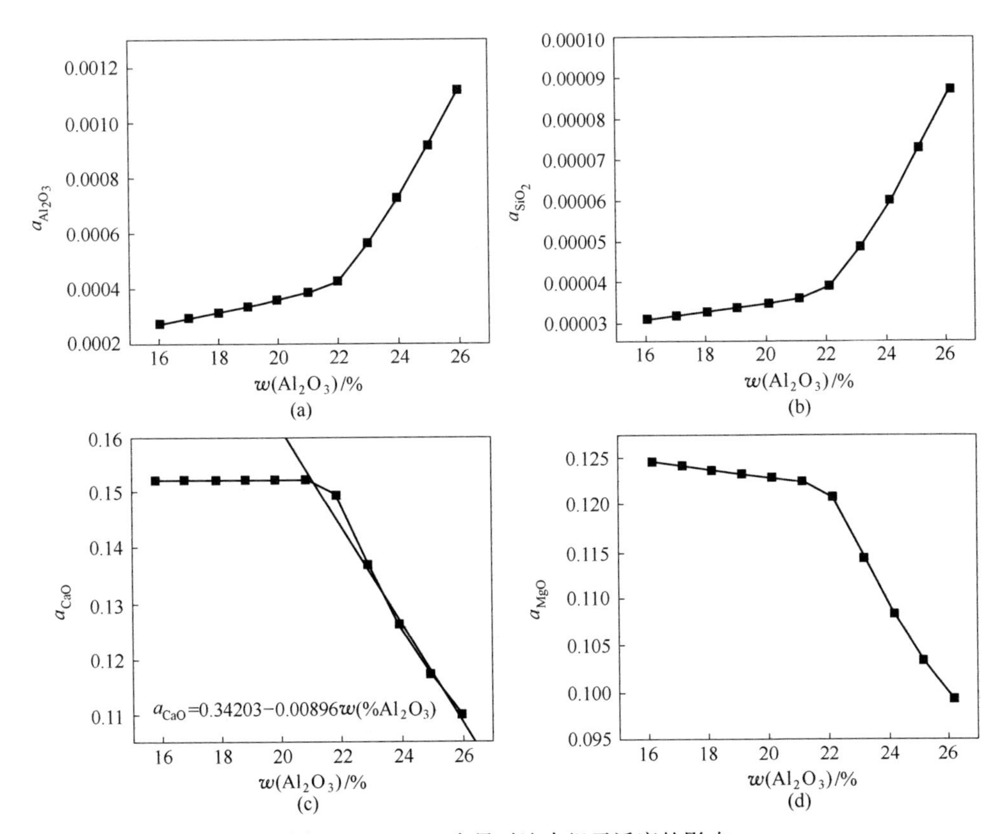

图 3-14 Al_2O_3 含量对渣中组元活度的影响

(a) $a_{Al_2O_3}$；(b) a_{SiO_2}；(c) a_{CaO}；(d) a_{MgO}

由以上分析可知，渣中 Al_2O_3 替代 CaF_2 量较少时，对脱氧效果的影响比对渣碱性的影响大；但当 Al_2O_3 替代量进一步增加时，其对渣碱性的影响占据主导地位，相应硫容量下降。

同理，用 Factsage 计算 SiO_2 替代 CaF_2 时渣中各种氧化物的活度见图 3-15，可见用 SiO_2 替代 CaF_2 与 Al_2O_3 替代 CaF_2 后各氧化物活度变化趋势相似。SiO_2 含量低于 18%时各氧化物活度变化不大，大于 18%时活度变化速度加快，这也与硫容量随 SiO_2 含量变化趋势相一致。对比图 3-14 和图 3-15 中 CaO 活度可以看出，在下降阶段后者 CaO 活度下降较快，SiO_2 活度增加较快，这也说明高 SiO_2 渣比高 Al_2O_3 渣硫容量要低。

用 CaO 替代 CaF_2，在 CaO 含量较高时硫容量下降，主要是由于部分 CaO 没有溶解，渣中存在固体 CaO 质点，渣熔点太高，加入的 CaO 没有真正发挥脱硫作用造成的；而 B_2O_3 和 SiO_2 性质相似，其对硫容量的影响规律也与 SiO_2 类似，只是 B_2O_3 的熔点更低，添加 B_2O_3 更有利于改善脱硫动力学条件。

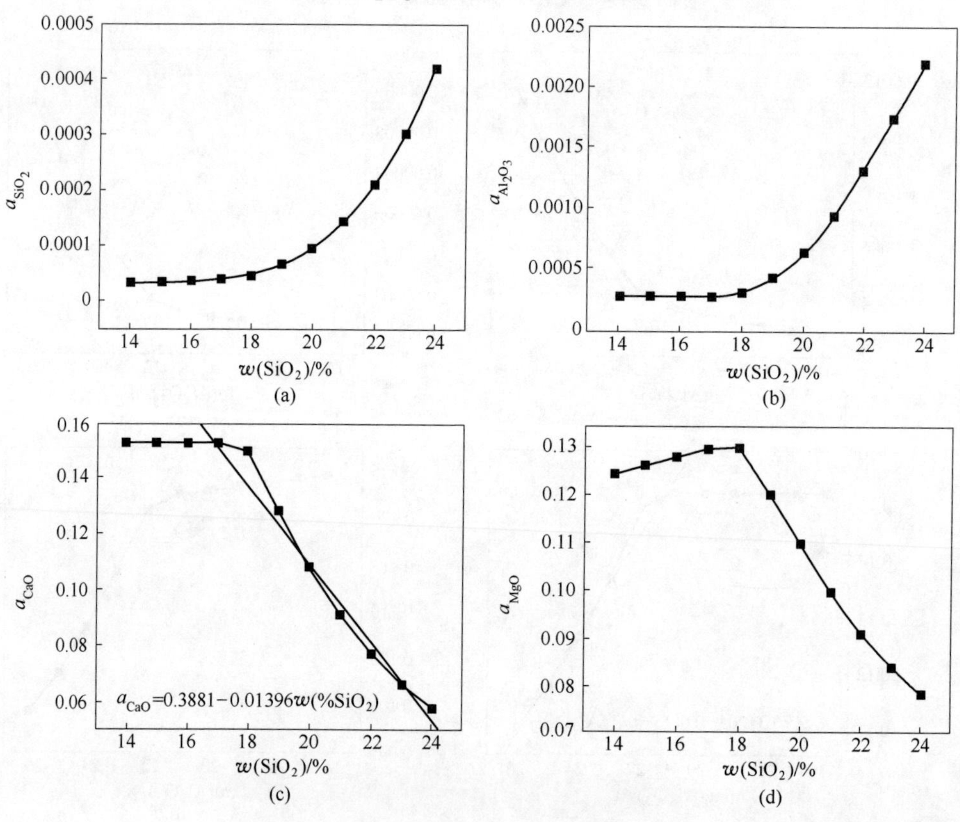

图 3-15 SiO_2 含量对渣中组元活度的影响

(a) a_{SiO_2}；(b) $a_{Al_2O_3}$；(c) a_{CaO}；(d) a_{MgO}

3.3 低氟精炼渣对脱氧的影响

脱氧是炉外精炼最重要的任务，脱氧不好，精炼的其他任务，如脱硫、合金化和去除夹杂等都不能很好地完成。对于含铝钢都用铝脱氧，本书实验的脱氧剂为铝，主要研究不同渣系对铝脱氧、夹杂物及精炼过程中回硅、铝含量的影响规律。

3.3.1 实验方法

本部分实验内容包括精炼渣组成对脱氧、夹杂物、回硅和钢中铝含量的影响四个方面，所有实验所用钢种为 Q235，其成分为：C 0.16%、Si 0.25%、Mn 0.56%、P 0.017%、S 0.024%，实验温度为 1823K，气氛为氮气。

精炼渣脱氧热力学和其对夹杂物和回硅的影响实验步骤为：

（1）配制渣料，其配比见表 3-1，在配料时减少 Al_2O_3 的量，其减少量为配加的 0.3g 铝氧化生成的 Al_2O_3 量。

（2）升温，在温度到达 1673K 时开始通入氮气，炉温达到 1823K 并保温 15min 后开始熔化金属。

（3）测定初始氧活度。

（4）加入渣和铝块。

（5）精炼处理 40min，处理结束后扒渣并测量钢中氧活度。

（6）成分化验、夹杂物数量测定。

数据分析包括精炼末期钢中硅含量、钢中夹杂物数量、夹杂物组成等。

3.3.2 精炼渣脱氧热力学结果及分析

1823K 下精炼实验终点用固体电解质氧传感器（$Cr\text{-}Cr_2O_3$参比电极）测定精炼终点氧活度，其结果见图 3-16。

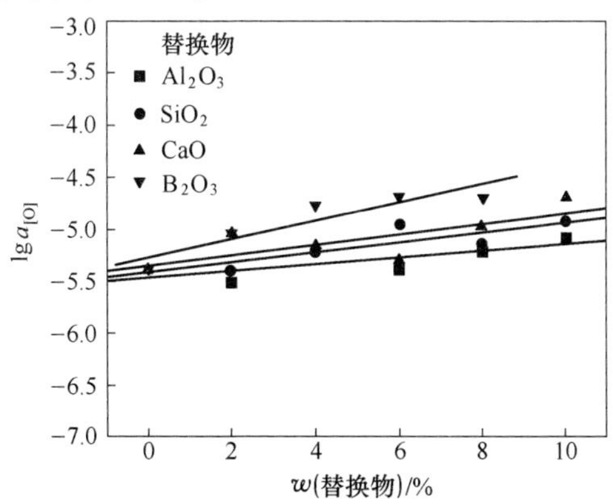

图 3-16 渣组成对终点钢液中氧活度的影响

由图可见，增加 Al_2O_3、SiO_2、B_2O_3、CaO 时都会使精炼终点氧含量上升，但是增加 Al_2O_3 时终点氧含量上升幅度较小。

在精炼期间用铝对含铝钢脱氧。在钢液中、钢-渣界面上所发生的化学反应[95~97]有：

$$2[Al] + 3[O] = (Al_2O_3) \tag{3-28}$$

$$4[Al] + 3(SiO_2) = 3[Si] + 2(Al_2O_3) \tag{3-29}$$

$$2[Al] + (B_2O_3) = 2[B] + (Al_2O_3) \tag{3-30}$$

$$3[Si] + 2(B_2O_3) = 4[B] + 3(SiO_2) \tag{3-31}$$

用 Factsage 的平衡模块（Equilib）对其进行最优化求解，求得体系的吉布斯自由能最小值，可以了解渣组成对终点氧含量的影响规律。计算的初始条件为：温度 1823K，渣相组成见表 3-6，渣料总重为 5g，即为金属量的 5%；金属总重为 100g，其组成为：Fe 99.0499g、C 0.2g、Si 0.25g、Mn 0.45g、P 0.031g、S 0.024g、O 0.00006g、Al 0.05g。计算结果为脱氧平衡时金属液中的［Al］、［Si］、［O］、［B］含量，见表 3-6 和图 3-17。

表 3-6　Factsage 平衡计算结果

实验号	渣组成（质量分数）/%						$w[Al]$ /%	$w[Si]$ /%	$w[O]\times10^{-4}$ /%	$w[B]$ /%
	CaO	SiO_2	Al_2O_3	MgO	CaF_2	B_2O_3				
1	52	14	16	8	10	0	0.01035	0.270	0.392	0
2	52	14	18	8	8	0	0.01055	0.270	0.403	0
3	52	14	20	8	6	0	0.01065	0.270	0.417	0
4	52	14	22	8	4	0	0.01025	0.271	0.502	0
5	52	14	24	8	2	0	0.00966	0.271	0.614	0
6	52	14	26	8	0	0	0.009046	0.272	0.726	0
7	52	16	16	8	8	0	0.00927	0.271	0.423	0
8	52	18	16	8	6	0	0.00805	0.272	0.530	0
9	52	20	16	8	4	0	0.00663	0.273	0.779	0
10	52	22	16	8	2	0	0.00531	0.275	1.116	0
11	52	24	16	8	0	0	0.00417	0.276	1.521	0
12	54	14	16	8	8	0	0.00999	0.271	0.406	0
13	56	14	16	8	6	0	0.00962	0.271	0.422	0
14	58	14	16	8	4	0	0.00931	0.271	0.443	0
15	60	14	16	8	2	0	0.00898	0.272	0.468	0
16	62	14	16	8	0	0	0.00861	0.272	0.498	0
17	52	14	18	8	6	2	0.00997	0.251	0.490	0.0104
18	52	14	18	8	4	4	0.00848	0.229	0.794	0.0221
19	52	14	18	8	2	6	0.00676	0.205	1.243	0.0352
20	52	14	18	8	0	8	0.00517	0.181	1.812	0.0484

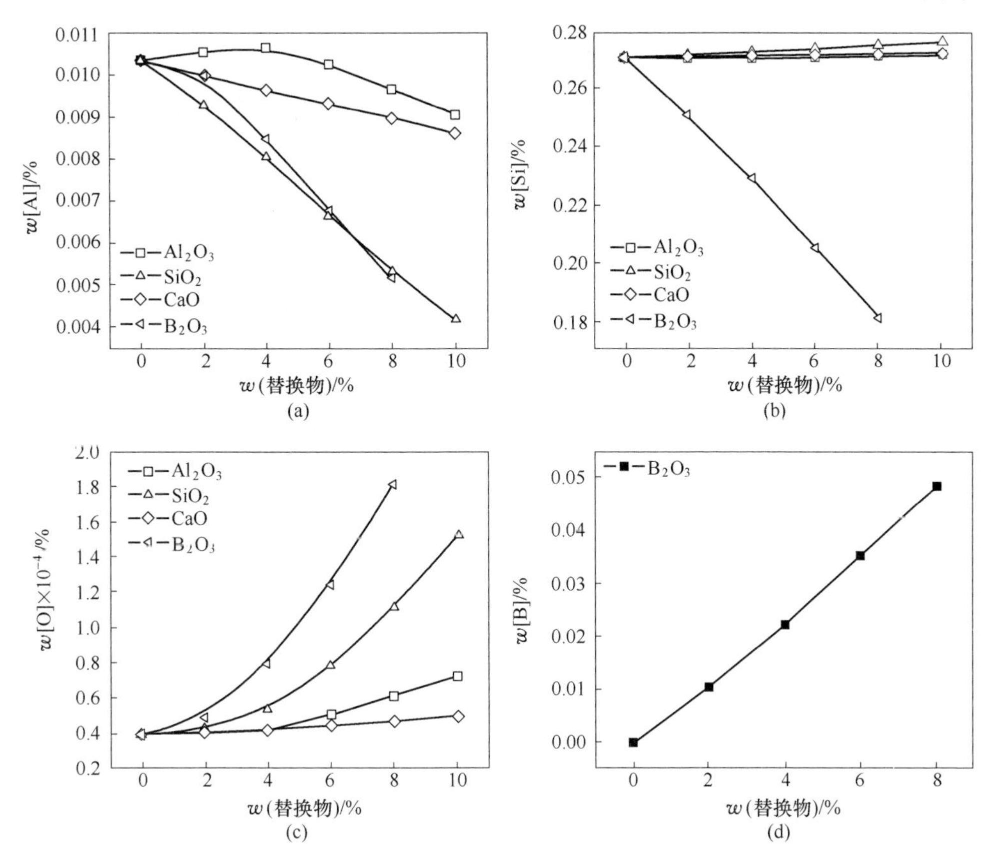

图 3-17 四种替代物含量对钢液平衡成分含量的影响

(a) [Al]；(b) [Si]；(c) [O]；(d) [B]

由图表可见，由计算得到的金属液中氧含量的变化趋势与实验测得的数据变化趋势接近。

钢液中的铝含量由酸溶铝的数量确定，随着四种氧化物替代 CaF_2数量的增加，钢液的铝含量均呈下降趋势。其中，Al_2O_3 替代 CaF_2后钢液铝含量下降幅度较小，由前面渣中氧化物活度计算可知，随着渣中 Al_2O_3 含量增加其活度增大，钢中铝含量必然会升高。由图 3-17c 可见，虽然钢中铝含量增大，但钢液氧含量增幅较小，氧含量仅从 0.392×10^{-6}增加到 0.726×10^{-6}，特别是渣中 Al_2O_3 含量低于 20%时氧含量仅变化 0.025×10^{-6}，钢液回硅量相对于使用 CaF_2时仅增加了 0.002%。

SiO_2 和 B_2O_3 替代 CaF_2后钢液铝含量下降较快，而氧含量快速上升，特别是使用 B_2O_3 作为 CaF_2的替代熔剂时，两者变化最为显著。由图 3-17d 可以看出，渣中 B_2O_3 可以被钢液中的 [Al] 和 [Si] 还原，这也是 B_2O_3 使钢液中硅含量减少的原因。

3.4　精炼渣组成对夹杂物含量的影响

夹杂物来源有两种：一是内生夹杂，即脱氧产物和凝固过程析出产物；二是外来夹杂，由耐火材料和渣进入钢中未能排除形成。夹杂物按变形能力又分为塑性、刚性和脆性三种，其中塑性夹杂物最好，夹杂物与钢液、渣之间存在动态平衡，因此，可以通过调节渣或钢液成分来调节夹杂物的性能。

对所取试样用400目、600目、800目、1000目四种金相砂纸磨光，先粗抛一遍，再用0.5μm的Al_2O_3抛光粉精抛，抛光后用无水乙醇清洗干净并吹干。

抛光后的试样先在金相显微镜下观察，并随机拍下10个视场的金相照片。将照片用ImageJ软件处理，计算夹杂物数量。金相显微镜观察后将试样进行扫描电镜SEM（日本JEOL公司JSM6301F）和能谱分析，进一步确定夹杂物成分。

3.4.1　金相照片的处理方法

对金相照片用ImageJ软件进行分析，分析过程为：夹杂物金相照片见图3-18，首先将其调整为8 bit图像，见图3-19a，用颜色拾取器拾取夹杂物颗粒的颜色，然后点击“调整阈值”菜单使图像中仅保留颗粒形貌，见图3-19b，最后点击“分析颗粒”菜单，即可完成。分析结果见表3-7，用表3-7中像素值结合放大倍数即可算出夹杂物颗粒直径和所占面积比。

由于颗粒直径小于1μm的夹杂物对钢材性能影响极小，所以只统计尺寸大于1μm的夹杂物，也就是像素值不小于134的颗粒。对夹杂物金相照片进行如上处理后其中颗粒大小和尺寸见表3-8。

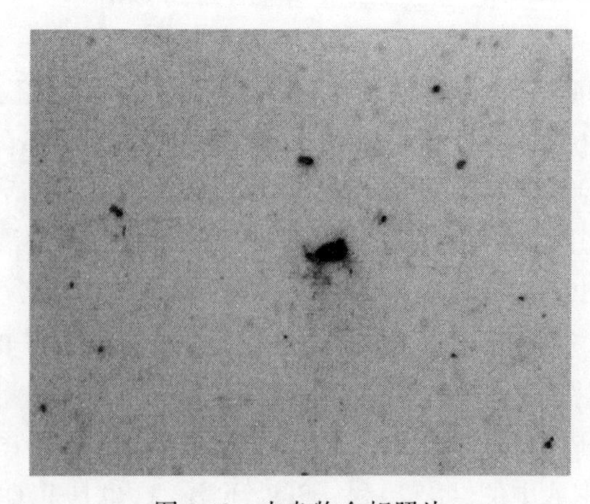

图3-18　夹杂物金相照片

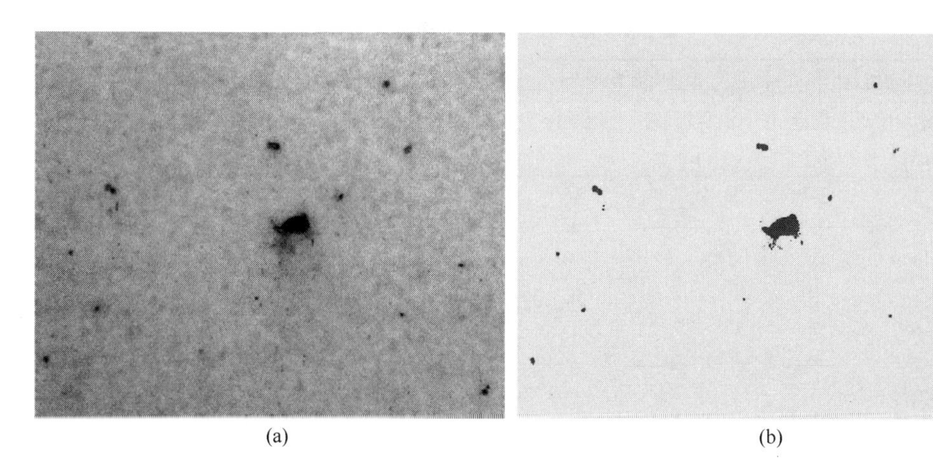

(a) (b)

图 3-19 夹杂物金相图处理过程

(a) 夹杂物 8bit 图像；(b) ImageJ 软件夹杂物识别图像

表 3-7 ImageJ 软件分析结果示例

序号	面积/$pixel^2$	序号	面积/$pixel^2$	序号	面积/$pixel^2$	序号	面积/$pixel^2$	序号	面积/$pixel^2$
1	38	7	43	13	1	19	2	25	31
2	146	8	5	14	2	20	4	26	17
3	2	9	8	15	16	21	3	27	52
4	8	10	1351	16	1	22	26	28	15
5	22	11	3	17	30	23	19	29	55
6	141	12	4	18	1	24	10	30	1

表 3-8 夹杂物颗粒像素与尺寸对照

序号	像素值	颗粒尺寸/μm
1	146	1.04
2	141	1.03
3	1351	3.18

3.4.2 Al_2O_3 取代 CaF_2 对夹杂物数量和成分的影响

第一组即为 Al_2O_3 取代 CaF_2 的实验，1823K 下精炼前和精炼后的夹杂物数量和尺寸分布见表 3-9。可以看出精炼后夹杂物总量减少了 1/3~1/2，而且夹杂物进一步细化，说明精炼效果比较明显。

采用 Al_2O_3 含量分别为 18%、22%、26%的三种渣对钢液进行精炼处理后，随着 Al_2O_3 含量的增加，夹杂物所占面积和数量呈现先降低后升高的趋势，但总

表 3-9 Al_2O_3 含量与夹杂物数量

精炼前		Al_2O_3 含量 18%		Al_2O_3 含量 22%		Al_2O_3 含量 26%	
夹杂物尺寸/μm	数量/个	夹杂物尺寸/μm	数量/个	夹杂物尺寸/μm	数量/个	夹杂物尺寸/μm	数量/个
1~2	27	1~2	23	1~2	17	1~2	19
2~3	5	2~3	1	2~3	2	2~3	2
3~4	2	3~4	1	3~4	1	3~4	1
4~5	4	6~7	1	4~5	1	4~5	2
5~6	4	8~9	1	10~11	1	6~7	1
6~7	2	18~19	1	—	—	—	—
9~10	1	—	—	—	—	—	—
10~11	1	—	—	—	—	—	—
12~13	1	—	—	—	—	—	—
15~16	2	—	—	—	—	—	—
总数	48	总数	28	总数	22	总数	25
面积比/%	0.51	面积比/%	0.33	面积比/%	0.32	面积比/%	0.34

体来说变化不大。从夹杂物颗粒尺寸分布看，三者都集中在 1~2μm，大颗粒数量较少，特别是 Al_2O_3 含量为 22%的精炼渣处理后钢中小于 3μm 的夹杂物颗粒数所占比例高达 75%，表明渣中 Al_2O_3 含量在 22%左右为最佳，但同时应该注意采用三种渣精炼处理后，钢中夹杂物不论数量还是面积都相差不大。

由前面 Factsage 热力学计算结果发现，渣中 Al_2O_3 含量低于 22%时，Al_2O_3、CaO 的活度变化都比较小，对吸收 Al_2O_3 夹杂物有利。用 SEM-EDS 对夹杂物进行分析，图 3-20 给出了精炼前钢中夹杂物的形貌，表 3-10 给出了图中夹杂物的能谱数据。

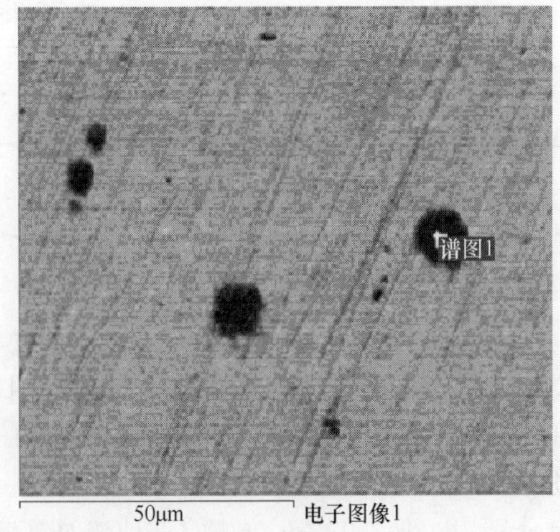

图 3-20 精炼前夹杂物 SEM-EDS 分析

表 3-10 精炼前夹杂物能谱数据

元素	C	O	Al	Si	S	Ca	Mn	Fe	合计
含量/%	0.31	37.83	5.25	16.47	0.96	2.38	28.79	8.01	100

由表 3-10 中数据可以看出，该夹杂物中 Si、Mn 含量较高，把其中各元素转换为相应氧化物和硫化物，结果见表 3-11。可见该夹杂物主要为 Al_2O_3-SiO_2-MnO 系氧化物，对照该三元系相图（见图 3-21），发现该夹杂物主要为锰铝榴石。用 Factsage 软件平衡模块进行计算发现该夹杂组成为：$3MnO \cdot Al_2O_3 \cdot 3SiO_2$（锰铝榴石）49.98%，$2FeO \cdot 2SiO_2$ 12.262%，$2MnO \cdot SiO_2$ 18.077%，$2FeO \cdot SiO_2$ 12.262%，$MnO \cdot SiO_2$ 8.539%，$CaO \cdot FeO \cdot 2SiO_2$ 7.270% 和玻璃相 3.872%。该夹杂主要矿物组成为锰铝榴石，说明夹杂物的变形性能较好。

表 3-11 精炼前夹杂物主要成分

氧、硫化物	Al_2O_3	SiO_2	CaS	CaO	MnO	FeO
含量/%	10.355	36.854	1.5037	1.725	38.809	10.754

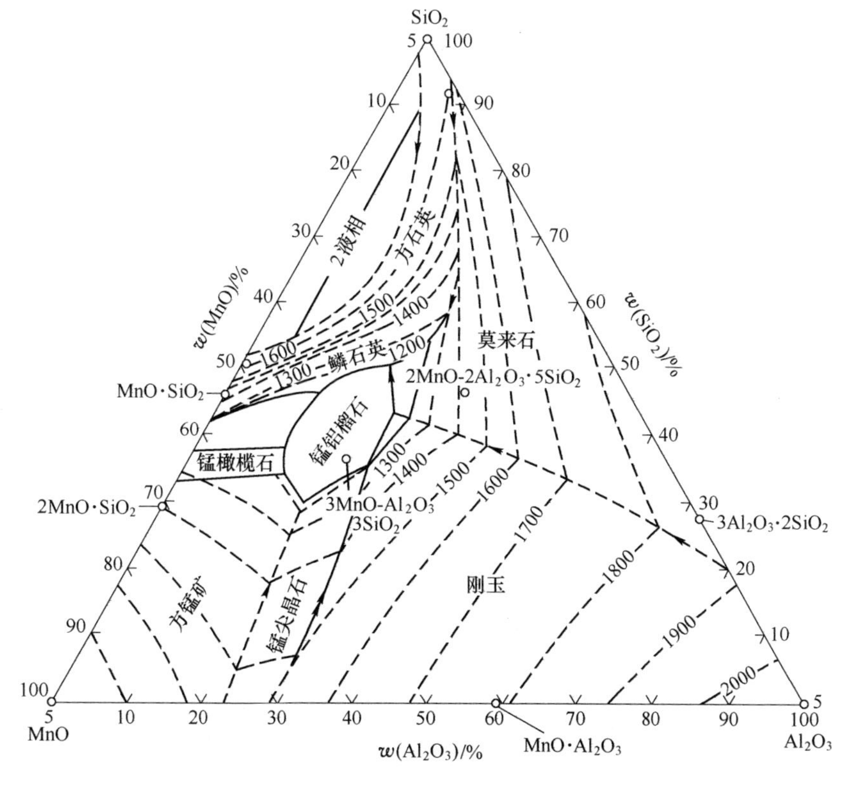

图 3-21 SiO_2-MnO-Al_2O_3 三元相图

用 CaO 52%-SiO_2 14%-Al_2O_3 18%-MgO 8%-CaF_2 8%的精炼渣在 1823K 下对钢液处理 40min 后，夹杂物的 SEM-EDS 分析结果见图 3-22 和表 3-12。可见该夹杂物主要为 Al_2O_3 刚性夹杂，从 Al_2O_3-FeO 相图可以看出，其组成为 Al_2O_3 和 FeO · Al_2O_3，经计算两者比例分别为 82. 337%和 17. 663%。

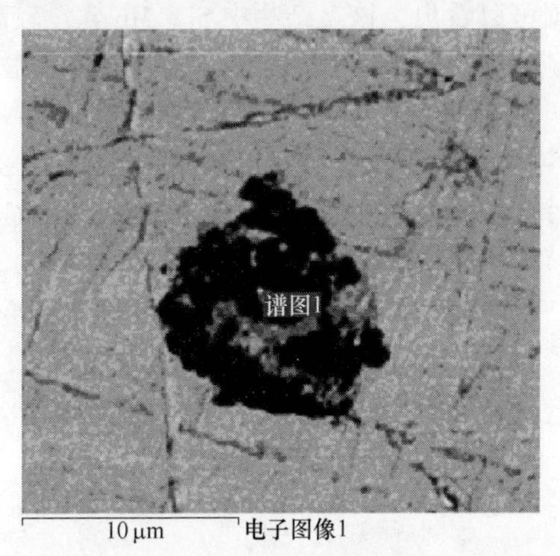

图 3-22　含 Al_2O_3 18%精炼渣精炼后钢中夹杂物典型形貌和能谱

表 3-12　含 Al_2O_3 18%精炼渣精炼后钢中夹杂物能谱值

元素	C	O	Al	Fe	合计
含量/%	0. 28	49. 87	44. 68	5. 17	100

用 CaO 52%-SiO_2 14%-Al_2O_3 22%-MgO 8%-CaF_2 4%的精炼渣在 1823K 下对钢液处理 40min 后，夹杂物的 SEM-EDS 分析结果见图 3-23 和表 3-13。可见该夹杂物仍然主要为 Al_2O_3 刚性夹杂，此外，还有少量铝酸盐。

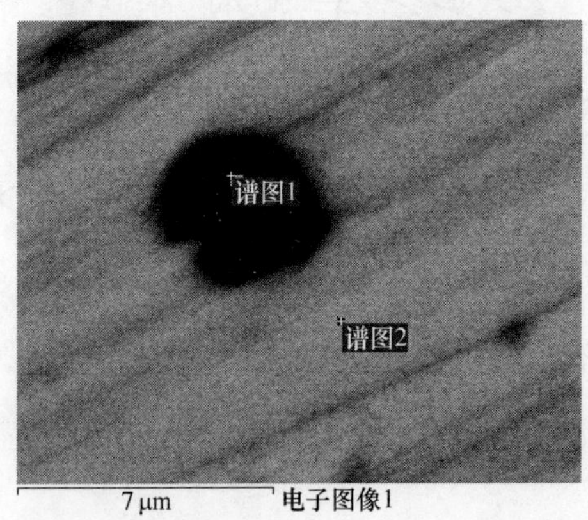

图 3-23　含 Al_2O_3 22%精炼渣精炼后钢中夹杂物典型形貌和能谱

表 3-13 含 Al_2O_3 22%精炼渣精炼后钢中夹杂物能谱值

元素	C	O	Al	Ca	Mg	Fe	合计
含量/%	0.21	42.42	44.34	7.72	0.76	4.55	100

用 CaO 52%-SiO_2 14%-Al_2O_3 26%-MgO 8%的无氟渣在 1823K 下对钢液精炼处理 40min 后，夹杂物的 SEM-EDS 分析结果见图 3-24 和表 3-14。可见该夹杂物主要为 Al_2O_3 刚性夹杂，计算表明该氧化物组成为：Al_2O_3 86.225%，FeO · Al_2O_3 8.202%，$3Al_2O_3 \cdot 2SiO_2$ 5.574%。

图 3-24 含 Al_2O_3 26%精炼渣精炼后钢中夹杂物典型形貌和能谱

表 3-14 含 Al_2O_3 26%精炼渣精炼后钢中夹杂物能谱值

元素	C	O	Al	Si	Fe	合计
含量/%	0.20	49.31	47.32	0.69	2.48	100

由以上实验可以看出，不论渣中 Al_2O_3 含量如何，生成的非金属氧化物夹杂均以 Al_2O_3 刚性夹杂物为主，伴有少量的铝酸盐及硅酸盐，Al_2O_3 与钢液间润湿性较差，这有利于夹杂物的上浮排除。

3.4.3 SiO_2 取代 CaF_2 对夹杂物数量和成分的影响

第二组即为 SiO_2 取代 CaF_2 的实验，用 SiO_2 取代 CaF_2 精炼后钢中夹杂物的数量和尺寸分布见表 3-15。由表 3-15 数据可以看出，用提高渣中 SiO_2 含量的方法配制低氟精炼渣有利于夹杂物的去除，渣中 SiO_2 含量为 24%时钢中夹杂物含量有上升趋势，其原因在于钢中铝还原渣中 SiO_2，使 Al_2O_3 夹杂物含量上升。用 SiO_2 含量分别为 16%、20%、24%的精炼渣处理过的钢液，夹杂物颗粒尺寸分布均集中在 1~2μm，大颗粒数量较少。

表 3-15 SiO_2 含量与夹杂物数量

SiO_2 含量 16%		SiO_2 含量 20%		SiO_2 含量 24%	
夹杂物尺寸/μm	数量/个	夹杂物尺寸/μm	数量/个	夹杂物尺寸/μm	数量/个
1~2	19	1~2	19	1~2	21
2~3	3	2~3	3	2~3	3
3~4	2	3~4	1	3~4	1
4~5	1	6~7	1	6~7	2
5~6	1	7~8	1	7~8	1
6~7	2	8~9	1	8~9	2
7~8	1	10~11	2	14~15	1
13~14	1	—	—	—	—
总数	30	总数	28	总数	31
面积比/%	0.34	面积比/%	0.33	面积比/%	0.35

用 CaO 52%-SiO_2 16%-Al_2O_3 16%-MgO 8%-CaF_2 8%的精炼渣在 1823K 对钢液处理40min 后，夹杂物的 SEM-EDS 分析结果见图 3-25 和表 3-16。用 CaO 52%-SiO_2 20%-Al_2O_3 16%-MgO 4%-CaF_2 8%的精炼渣在 1823K 下对钢液处理 40min 后，夹杂物的 SEM-EDS 分析结果见图 3-26 和表 3-17。用 CaO 52%-SiO_2 24%-Al_2O_3 16%-MgO 4%的无氟精炼渣在 1823K 下对钢液处理 40min 后，夹杂物的SEM-EDS 分析结果见图 3-27 和表 3-18。

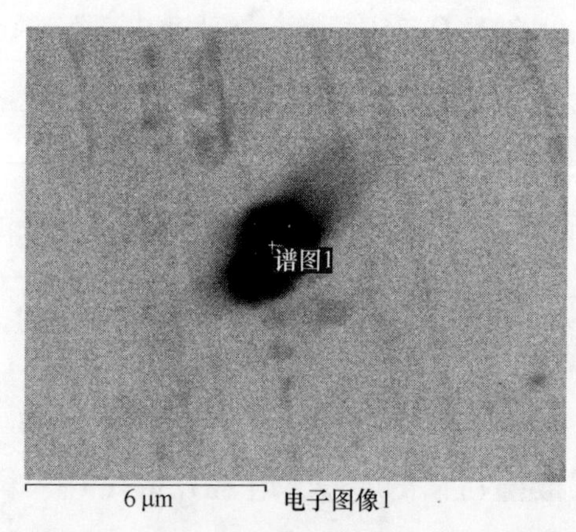

图 3-25 含 SiO_2 16%的精炼渣对钢液精炼后夹杂物典型形貌和能谱

表 3-16 含 SiO_2 16%的精炼渣对钢液精炼后夹杂物能谱值

元素	C	O	Mg	Al	Si	Ca	Fe
含量/%	0.19	38.41	0.55	49.71	0.38	1.95	8.81

图 3-26 含 SiO_2 20%的精炼渣对钢液精炼后夹杂物典型形貌和能谱

表 3-17 含 SiO_2 20%的精炼渣对钢液精炼后夹杂物能谱值

元素	C	O	Mg	Al	Si	S	Ca	Fe
含量/%	0.21	39.27	0.89	47.40	0.52	0.20	2.39	9.12

图 3-27 含 SiO_2 24%的精炼渣对钢液精炼后夹杂物典型形貌和能谱

表 3-18 含 SiO_2 24%的精炼渣对钢液精炼后夹杂物能谱值

元素	C	O	Mg	Al	Si	S	Ca	Fe
含量/%	0.20	40.00	0.63	41.85	0.77	0.55	9.17	6.83

由能谱数据可以看出，随着渣中 SiO_2 含量增加，钢中夹杂物的硅含量也增加，而且夹杂物都近似呈球形。将能谱数据折算为氧化物，见表 3-19。可见夹杂物以 Al_2O_3 和 FeO 为主，经 Factsage 计算得到三种夹杂物的化学组成分别为：

（1）SiO_2 含量为 16%的钢中夹杂物组成：Al_2O_3 39.380%、$CaO \cdot 6Al_2O_3$ 28.037%、$FeO \cdot Al_2O_3$ 27.453%、$MgO \cdot Al_2O_3$ 3.242%、$CaO \cdot Al_2O_3 \cdot 2SiO_2$ 1.889%。

（2）SiO_2 含量为 20%的钢中夹杂物组成：Al_2O_3 51.955%、$CaO \cdot 6Al_2O_3$ 29.550%、$FeO \cdot Al_2O_3$ 10.212%、$MgO \cdot Al_2O_3$ 5.247%、$CaO \cdot Al_2O_3 \cdot 2SiO_2$ 2.585%。

（3）SiO_2 含量为 24%的钢中夹杂物组成：$CaO \cdot 6Al_2O_3$ 56.779%、$CaO \cdot 2Al_2O_3$ 18.756%、$FeO \cdot Al_2O_3$ 11.967%、$MgO \cdot Al_2O_3$ 3.714%、$2CaO \cdot Al_2O_3 \cdot SiO_2$ 7.545%。

表 3-19　渣中 SiO_2 含量与夹杂物组成间的关系（质量分数）　　%

SiO_2 含量	MgO	Al_2O_3	SiO_2	CaS	CaO	FeO
16	0.9183	84.183	0.8158	0.0000	2.7349	11.3480
20	1.4864	89.722	1.1166	0.4509	3.0023	4.2215
24	1.0521	79.209	1.6533	1.2400	11.8990	4.9466

可见随着渣中 SiO_2 含量的增加，夹杂物向低熔点方向转变，且夹杂物中 SiO_2 含量增加，钢-渣中 SiO_2 处于热力学平衡状态，渣中 SiO_2 含量升高，势必导致与之相平衡的钢中 SiO_2 含量也升高。

3.4.4　CaO 取代 CaF_2 对夹杂物数量和成分的影响

第三组即为 CaO 取代 CaF_2 的实验，CaO 取代 CaF_2 精炼后钢中夹杂物的数量和尺寸分布见表 3-20。可以看出，用提高渣中 CaO 含量的方法配制低氟精炼渣，CaO 含量为 54%~58%时，随着其在渣中含量的增加，钢中夹杂物尺寸及数量变化均不大；当渣中 CaO 含量由 58%提高至 62%时，夹杂物数量明显增多。渣中 CaO 含量为 58%时钢中夹杂物尺寸较小，数量较少，其原因在于精炼渣熔点较低，流动性好，有利于吸收钢中夹杂；然而当 CaO 含量为 62%时，钢中夹杂物尺寸较大，数量较多，是因为精炼渣熔点较高，渣较黏稠，流动性不好，不利于夹杂物的吸收和其在渣中的扩散。

用 CaO 54%-SiO_2 16%-Al_2O_3 16%-MgO 8%-CaF_2 8%的精炼渣在 1823K 下对钢液处理 40min 后，夹杂物的 SEM-EDS 分析结果见图 3-28 和表 3-21。用 CaO 58%-SiO_2 16%-Al_2O_3 16%-MgO 8%-CaF_2 4%的精炼渣在 1823K 下对钢液处理 40min 后，夹杂物的 SEM-EDS 分析结果见图 3-29 和表 3-22。用 CaO 62%-SiO_2 16%-Al_2O_3 16%-MgO 8%的无氟精炼渣在 1823K 下对钢液处理 40min 后，夹杂物的 SEM-EDS 分析结果见图 3-30 和表 3-23。

表 3-20 CaO 含量与夹杂物数量

CaO 含量 54%		CaO 含量 58%		CaO 含量 62%	
夹杂物尺寸/μm	数量/个	夹杂物尺寸/μm	数量/个	夹杂物尺寸/μm	数量/个
1~2	19	1~2	21	1~2	24
2~3	6	2~3	3	2~3	7
3~4	2	4~5	1	3~4	3
4~5	1	6~7	2	4~5	1
5~6	1	7~8	1	5~6	1
8~9	1	8~9	1	6~7	1
9~10	1	10~11	1	13~14	1
总数	31	总数	30	总数	38
面积比/%	0.32	面积比/%	0.32	面积比/%	0.36

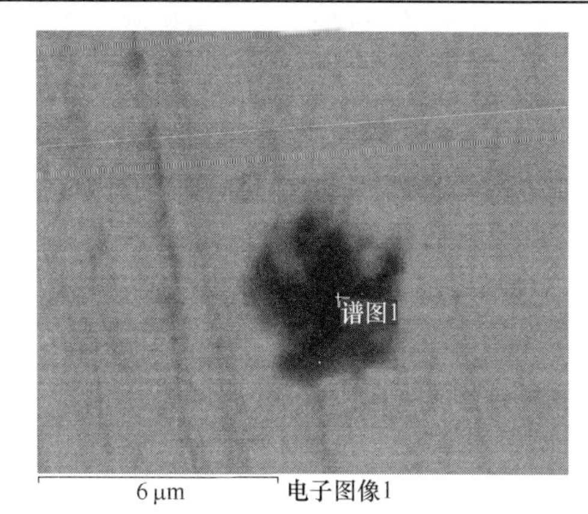

图 3-28 含 CaO 54%的精炼渣对钢液精炼后夹杂物典型形貌和能谱

表 3-21 含 CaO 54%的精炼渣对钢液精炼后夹杂物能谱值

元素	C	O	Al	Fe
含量/%	0.23	47.50	46.18	6.09

图 3-29 含 CaO 58%的精炼渣对钢液精炼后夹杂物典型形貌和能谱

表 3-22 含 CaO 58%的精炼渣对钢液精炼后夹杂物能谱值

元素	C	O	Al	Si	S	Ca	Fe
含量/%	0.19	44.39	45.91	0.33	0.41	3.01	5.76

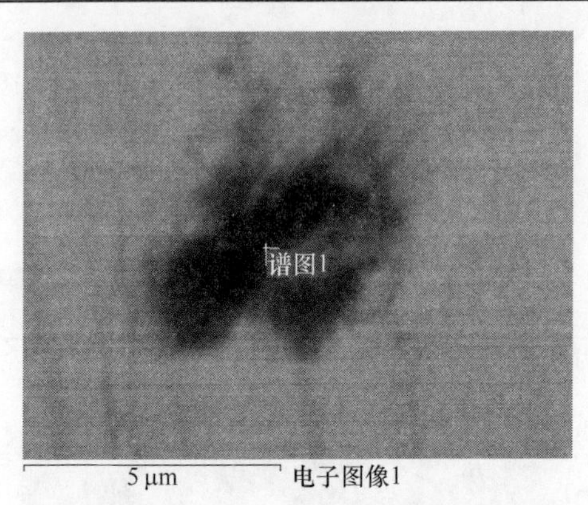

图 3-30 含 CaO 62%的精炼渣对钢液精炼后夹杂物典型形貌和能谱

表 3-23 含 CaO 62%的精炼渣对钢液精炼后夹杂物的能谱值

元素	C	O	Mg	Al	Si	S	Ca	Fe
含量/%	0.19	42.08	0.97	43.95	1.06	0.51	7.98	3.26

由能谱数据可以看出，随着渣中 CaO 含量的增加，钢中夹杂物中钙含量也增加，但夹杂物形状均不规则。把能谱数据换算为氧化物，见表3-24。可见夹杂物以 Al_2O_3 为主，经 Factsage 计算不同 CaO 含量精炼渣处理过的三种钢中夹杂物化学组成分别为：

(1) 渣中 CaO 含量为 54%时，钢中夹杂物组成：Al_2O_3 80.073%、$FeO \cdot Al_2O_3$ 19.927%。

(2) 渣中 CaO 含量为 58%时，钢中夹杂物组成：Al_2O_3 41.374%、$CaO \cdot 6Al_2O_3$ 37.996 %、$FeO \cdot Al_2O_3$ 18.051%、$CaO \cdot Al_2O_3 \cdot 2SiO_2$ 1.650%。

(3) 渣中 CaO 含量为 62%时，钢中夹杂物组成：$CaO \cdot 6Al_2O_3$ 69.537%、$CaO \cdot 2Al_2O_3$ 4.007%、$FeO \cdot Al_2O_3$ 9.805%、$MgO \cdot Al_2O_3$ 5.518%、$2CaO \cdot Al_2O_3 \cdot SiO_2$ 10.023%。

表 3-24 渣中 CaO 含量与夹杂物组成间的关系（质量分数） %

CaO 含量	MgO	Al_2O_3	SiO_2	CaS	CaO	FeO
54	—	91.763	—	—	—	8.237
58	—	87.373	0.71249	0.92947	3.5229	7.4617
62	1.5633	80.275	2.1964	1.1096	10.803	4.053

可见随着渣中 CaO 含量的增加，夹杂物向低熔点方向转变，且其中 CaO 含量增加，钢-渣中 CaO 处于热力学平衡状态，渣中 CaO 含量升高，势必导致与之

相平衡的钢中 CaO 含量也升高。

3.4.5 B_2O_3 取代 CaF_2 对夹杂物数量和成分的影响

第四组即为 B_2O_3 取代 CaF_2 的实验，B_2O_3 取代 CaF_2 和精炼后的钢中夹杂物数量和尺寸分布见表 3-25。由表 3-25 可以看出，用增加渣中 B_2O_3 含量的方法配制低氟精炼渣时钢中夹杂物的含量不断降低，原因在于 B_2O_3 可以明显降低渣的熔点，增加渣的流动性，有利于钢-渣界面处 Al_2O_3 向渣内部扩散，从而有利于钢中 Al_2O_3 类夹杂物的吸收和去除。

用 CaO 54%-SiO_2 16%-Al_2O_3 18%-MgO 8%-CaF_2 4%-B_2O_3 4% 的精炼渣在 1823K 对钢液处理 40min 后，夹杂物 SEM-EDS 的分析结果见图 3-31 和表 3-26。用 CaO 54%-SiO_2 16%-Al_2O_3 18%-MgO 8%-CaF_2 2%-B_2O_3 6% 的精炼渣在 1823K 对钢液处理 40min 后，夹杂物的 SEM-EDS 分析结果见图 3-32 和表 3-27。用 CaO 54%-SiO_2 16%-Al_2O_3 18%-MgO 8%-B_2O_3 8% 的无氟精炼渣在 1823K 对钢液处理 40min 后，夹杂物的 SEM-EDS 分析结果见图 3-33 和表 3-28。

表 3-25　B_2O_3 含量与夹杂物数量

B_2O_3 含量 4%		B_2O_3 含量 6%		B_2O_3 含量 8%	
夹杂物尺寸/μm	数量/个	夹杂物尺寸/μm	数量/个	夹杂物尺寸/μm	数量/个
1~2	20	1~2	21	1~2	18
2~3	3	2~3	4	2~3	2
3~4	1	3~4	1	3~4	2
4~5	3	4~5	2	4~5	2
5~6	1	5~6	1	5~6	1
6~7	1	8~9	1	6~7	1
7~8	1	13~14	1	11~12	1
总数	30	总数	31	总数	27
面积比/%	0.33	面积比/%	0.33	面积比/%	0.31

图 3-31　含 B_2O_3 4%的精炼渣对钢液精炼后夹杂物典型形貌和能谱

表 3-26　含 B_2O_3 4%的精炼渣对钢液精炼后夹杂物的能谱值

元素	C	O	Al	Fe
含量/%	0.87	43.52	40.34	15.26

图 3-32　含 B_2O_3 6%的精炼渣对钢液精炼后夹杂物典型形貌和能谱

表 3-27　含 B_2O_3 6%的精炼渣对钢液精炼后夹杂物的能谱值

元素	C	O	Al	Fe
含量/%	0.96	50.79	43.92	4.33

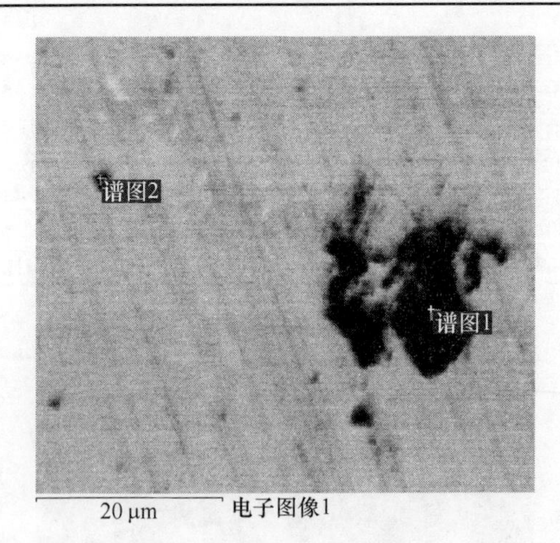

图 3-33　含 B_2O_3 8%的精炼渣对钢液精炼后夹杂物典型形貌和能谱

表 3-28　含 B_2O_3 8%的精炼渣对钢液精炼后夹杂物的能谱值（质量分数）　%

元素	B	C	N	O	Al	Si	Fe
能谱 1	—	1.95	—	49.39	45.01	—	3.65
能谱 2	28.79	4.17	22.48	—	—	0.40	44.16

由能谱数据可以看出，氧化物夹杂大多为刚玉质夹杂，少量为铁氧化物。渣中 B_2O_3 含量为 8%时，发现了氮化硼（BN）颗粒，说明用铝脱氧时，铝可将硼还原出来，在凝固过程中与氮结合，形成 BN 夹杂。

以上能谱数据表明，该渣系采用铝脱氧后夹杂物以 Al_2O_3 刚玉质夹杂为主，生产时需要通过喂丝来对夹杂物进行改质处理。

3.5 精炼渣组成对钢中硅含量的影响

炉外精炼期间一个重要的问题就是钢液回硅，特别是冶炼含铝钢，精炼期间还原性较强，回硅的趋势更为严重，为了抑制回硅，就需要造高碱度渣。本书实验检测了精炼终点的硅含量，结果见表 3-29。

根据表 3-29 做图，见图 3-34。由图可见用 SiO_2 替代 CaF_2 回硅趋势最为明显，与计算的平衡值接近，部分 Al 用来还原渣中的 SiO_2，而且随着 SiO_2 替代量的增加，渣中 SiO_2 的活度增大，其还原量也增多，上节渣中活度的计算也印证了这一点。

表 3-29 精炼渣组成与终点硅含量

实验号	渣组成（质量分数）/%						$w[Si]/\%$
	CaO	SiO_2	Al_2O_3	MgO	CaF_2	B_2O_3	
1	52	14	16	8	10	0	0.266
2	52	14	18	8	8	0	0.265
3	52	14	20	8	6	0	0.266
4	52	14	22	8	4	0	0.266
5	52	14	24	8	2	0	0.268
6	52	14	26	8	0	0	0.268
7	52	16	16	8	8	0	0.268
8	52	18	16	8	6	0	0.269
9	52	20	16	8	4	0	0.269
10	52	22	16	8	2	0	0.270
11	52	24	16	8	0	0	0.275
12	54	14	16	8	8	0	0.261
13	56	14	16	8	6	0	0.254
14	58	14	16	8	4	0	0.250
15	60	14	16	8	2	0	0.251
16	62	14	16	8	0	0	0.250
17	52	14	18	8	6	2	0.263
18	52	14	18	8	4	4	0.261
19	52	14	18	8	2	6	0.254
20	52	14	18	8	0	8	0.256

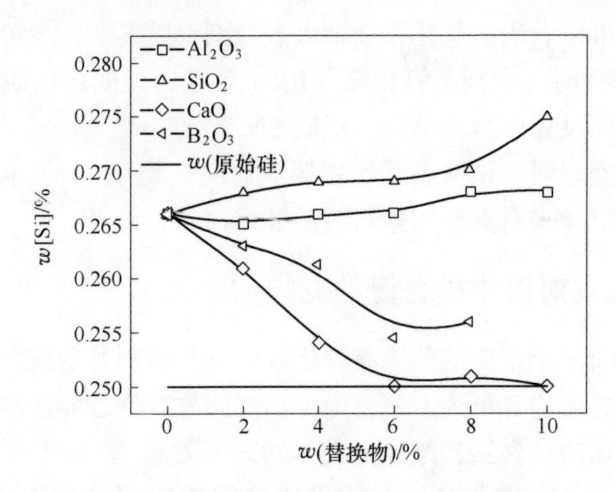

图 3-34 各物质替代量与精炼终点硅含量间关系

用 B_2O_3 替代 CaF_2 时钢液回硅量远小于 SiO_2，由于 B_2O_3 与 SiO_2 同性，随着 B_2O_3 含量的增加，SiO_2 活度增加，从还原热力学角度考虑，回硅条件改善，回硅量本应增大，但实际上采用 B_2O_3 替代 CaF_2 后回硅量却不断降低，说明 Al、Si、SiO_2、B_2O_3 间发生了复杂的化学反应。

用增加渣中 CaO 替代 CaF_2 的方法配制低氟渣，精炼回硅量最低，其原因有两个方面：一方面是 CaO 含量的提高，使 SiO_2 活度降低，不利于其还原；另一方面是 CaO 含量的不断提高使渣熔点升高，渣液变黏稠，特别是渣中有固体质点出现时，渣中的传质变得相当缓慢，在较弱的搅拌条件下，只有与钢液接触的一薄层渣膜中的 SiO_2 被还原，故回硅量较小。

对于用 Al_2O_3 替代 CaF_2 后的回硅，当替代量较小时，回硅量呈缓慢上升趋势，但随着替代量的进一步加大，回硅量基本保持不变。这与前面热力学计算的结果相一致，也与前面实验结果相一致，说明随着 Al_2O_3 含量的增加，渣中 SiO_2 活度增加，酸溶铝含量增加，渣中 SiO_2 还原量增大。

3.6 本章小结

本章研究了炉外精炼渣低氟或无氟化问题，实验中用 Al_2O_3、SiO_2、CaO 和 B_2O_3 四种物质替代炉外精炼渣中的 CaF_2，形成低氟或无氟精炼渣，主要研究了低氟精炼渣的脱硫、脱氧、去除夹杂及钢中酸溶铝、硅含量等几方面问题。利用热力学计算软件 Factsage，计算了 CaO-SiO_2-Al_2O_3-MgO 四元系相图和 CaO-SiO_2-Al_2O_3-MgO-B_2O_3 五元系相图，并通过实验测定了低氟精炼渣系的熔点；在 1823K 对低氟和无氟精炼渣还进行了脱硫动力学、热力学和其对钢中酸溶铝、硅含量影响的实验研究，并计算了渣系的硫容量，得出以下结论：

（1）相图计算表明，MgO 对 CaO-SiO_2-Al_2O_3 体系降低熔点的贡献在于将该三元系的两个液相区连为一片，从而增加了 SiO_2 和 Al_2O_3 成分在液相区内的可调范围，但对增加液渣中 CaO 含量贡献不大；B_2O_3 对 $CaO-SiO_2-Al_2O_3-MgO$ 8% 渣系，特别是高碱度区，有很强的助熔作用；可以通过调整 CaO、SiO_2、Al_2O_3 含量实现精炼渣的无氟化，形成 $CaO-SiO_2-Al_2O_3-MgO$ 四元无氟精炼渣，或通过添加 B_2O_3 形成 $CaO-SiO_2-Al_2O_3-MgO-B_2O_3$ 五元无氟精炼渣；渣系熔点测试表明：除了 CaO 含量较高的渣以外，其余渣系熔点较低，可以满足炉外精炼对渣熔点的要求。

（2）脱硫动力学研究表明，硫在几种渣中的扩散速度接近，B_2O_3 替换 CaF_2 后动力学条件略有改善，而 Al_2O_3 替换动力学条件略有降低；脱硫热力学研究表明，增加渣中 Al_2O_3 到 22%或增加 CaO 到 58%或增加 B_2O_3 到 4%都能增加渣的硫容量，而增加渣中 SiO_2 含量则降低渣的硫容量，但 SiO_2 含量在 18%以下硫容量下降不大。

（3）热力学计算表明，渣中 Al_2O_3 含量低于 22%时，各氧化物活度变化较小，其含量高于 22%时，碱性氧化物活度下降较快，而酸性氧化物活度增加较快；SiO_2 对各氧化物活度的影响也有类似的变化规律；硫容量的变化亦有相同的规律。

（4）对钢中夹杂物的实验研究表明，Al_2O_3、SiO_2、CaO 和 B_2O_3 含量分别为 22%、24%、58%、8%时，夹杂物数量最少；对夹杂物的 SEM-EDS 分析表明，采用各实验渣系精炼后钢中夹杂物均以 Al_2O_3 为主，同时伴有少量的铝酸盐、硅酸盐夹杂。

（5）增加渣中 Al_2O_3 含量，钢中酸溶铝含量明显增加，当渣中 Al_2O_3 含量为 22%时钢中铝含量达到峰值；增加渣中 SiO_2 和 B_2O_3 含量，对钢中酸溶铝含量的影响较小；增加渣中 SiO_2 含量时，精炼期间回硅量最大，其次为 Al_2O_3、B_2O_3 和 CaO。

4 低氟精炼渣对耐火材料侵蚀的研究

渣中添加 CaF_2 不仅污染环境，而且加剧了对钢包内衬的侵蚀。为了全面评价四种低氟精炼渣的冶金性能，就精炼渣对钢包渣线耐火材料的侵蚀情况进行了实验研究。

4.1 实验方法

实验采用静态坩埚法，该方法特别适用于各种炉渣对耐火材料侵蚀的比较实验。实验原理是将耐火材料制成坩埚状试样，坩埚试样内装有炉渣，置于炉内，高温下炉渣与坩埚发生反应。以炉渣对坩埚剖面的侵蚀量（深度、面积及面积百分率）和渗透量（深度、面积及面积百分率）作为评价渣对耐火材料侵蚀严重程度的指标。

4.1.1 坩埚试样的制备

把镁炭砖切割成 50mm×50mm×50mm 的立方体（尺寸偏差不大于 0.5mm），用 ϕ25 的钻头在其中一面的正中间垂直向下打一个深 25mm 的圆孔。用砂纸对孔壁进行磨平处理，要求坩埚的内壁和底部平整，且内部不允许有裂缝。

4.1.2 实验过程

先将渣料在 1173K 下干燥 1h，然后按照表 3-1 称量并在研钵中混匀 15min。用游标卡尺测量坩埚孔内径和深度，随机在不同的位置测量 5 次，取平均值作为内径和深度值。将称好并混匀的渣料装入坩埚孔中，必要时可以将渣料捣实。将装好渣的坩埚试样逐个放入炉膛的恒温区，每只坩埚试样底部垫有同种材质的约 30mm 厚的垫板，两个相邻坩埚试样之间的距离约为 20mm。按 6K/min 的速率升温至 1473K，之后按 3K/min 的速率升至 1723K 时，再按 2K/min 的速率升温至实验温度 1823K，在该温度下保温 8h。保温结束后，坩埚试样随炉自然冷却至室温。将冷却后的试样沿坩埚的轴线方向对称切开。首先进行侵蚀和渗透面积的测量分析，再对渗透区和未渗透区进行扫描和能谱分析，确定侵蚀机理。

4.2 实验结果及分析

4.2.1 实验数据处理思路

传统上，表征耐火材料抗渣侵蚀性的方法多是采用定性比较或是用游标卡尺测量其侵蚀深度等，这些方法在操作上比较简洁、方便，在一定程度上能够反映出不同耐火材料抗渣侵蚀性的差别，但也存在不足。用定性比较法不能直观地表征渣侵蚀性的大小，然而用游标卡尺测量侵蚀深度虽然能够表达渣侵蚀量，但人为误差比较大。本书在坩埚法的基础上，采用渣侵蚀面积来表征耐火材料的抗渣侵蚀性。这种方法能够定量、直观地反映出渣侵蚀的强弱，同时误差又相对较小，对评价耐火材料的性能具有实际意义。该方法就是利用图片灰度的不同来确定侵蚀面积及面积百分率。

侵蚀后坩埚剖面的示意图见图 4-1。通过比较侵蚀面积和渗透面积的大小来对比不同渣对镁炭砖的侵蚀程度[102~106]。

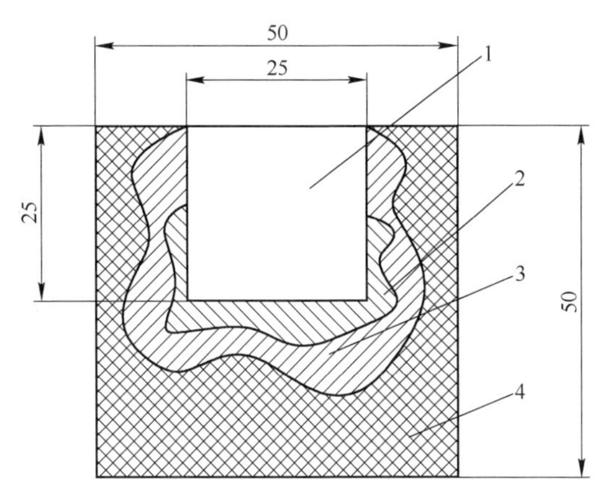

图 4-1 侵蚀后坩埚剖面的示意图

1—坩埚凹面；2—侵蚀面；3—渗透面；4—剖面

4.2.2 Al_2O_3 替代 CaF_2 对钢包用镁炭砖的侵蚀

Al_2O_3 替代 CaF_2 后形成的新渣系在 1823K 下对镁炭砖侵蚀情况见图 4-2，侵蚀前后深度见表 4-1。由图可以看出含 CaF_2 10%的渣渗透较深。

用 ImageJ 对侵蚀截面进行处理，处理过程见图 4-3[107]，处理结果见表 4-1。

分别将侵蚀深度、渗透面积对 Al_2O_3 含量做图，见图 4-4。可见随渣中 Al_2O_3 含量的增加，CaF_2 含量的减少，侵蚀深度降低了 44.44%，渗透面积减小了 43.55%，采用 Al_2O_3 替代 CaF_2 明显减轻了渣液对耐火材料的侵蚀。

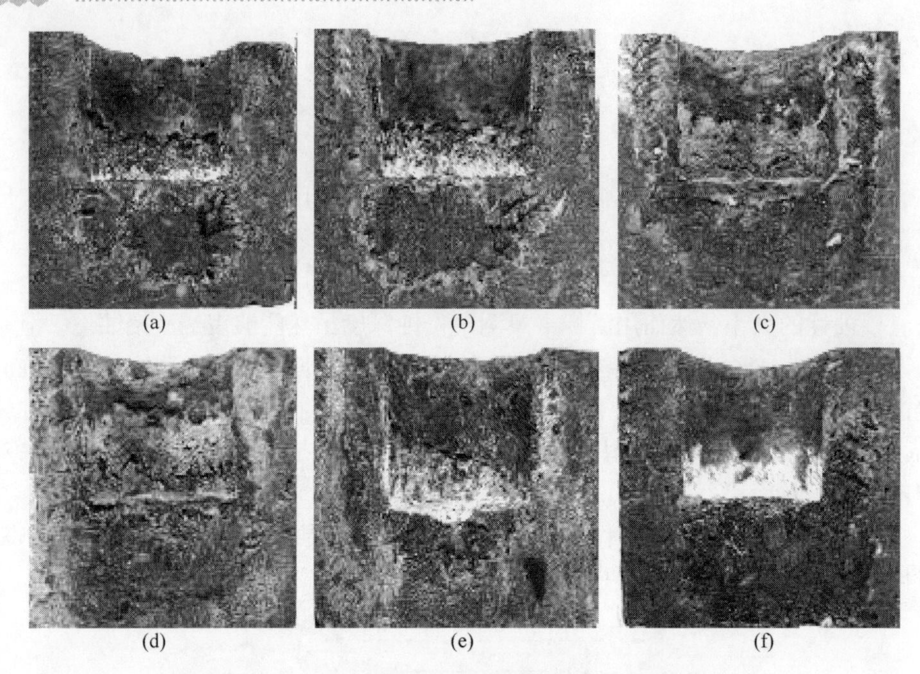

图 4-2　Al_2O_3 替代 CaF_2 对镁炭砖侵蚀后的形貌

（a）$w(CaF_2)=10\%$；（b）$w(CaF_2)=8\%$；（c）$w(CaF_2)=6\%$；
（d）$w(CaF_2)=4\%$；（e）$w(CaF_2)=2\%$；（f）$w(CaF_2)=0$

表 4-1　Al_2O_3 替换 CaF_2 对镁炭砖的侵蚀深度和渗透面积

Al_2O_3 含量/%	原始深度/mm	侵蚀后深度/mm	侵蚀深度/mm	剖面面积/cm^2	渗透面积/cm^2
16	24.00	24.36	0.36	17.01	3.775
18	25.08	25.36	0.28	18.06	3.823
20	22.70	23.04	0.34	21.85	3.230
22	25.08	25.28	0.20	23.81	3.427
24	24.46	24.66	0.20	15.22	2.463
26	24.20	24.40	0.20	19.95	2.131

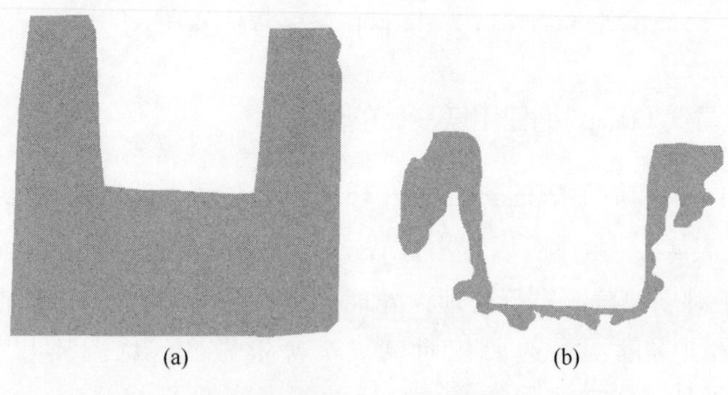

图 4-3　1 号渣系侵蚀 MgO-C 砖后剖面处理过程

（a）剖面面积；（b）渗透面积

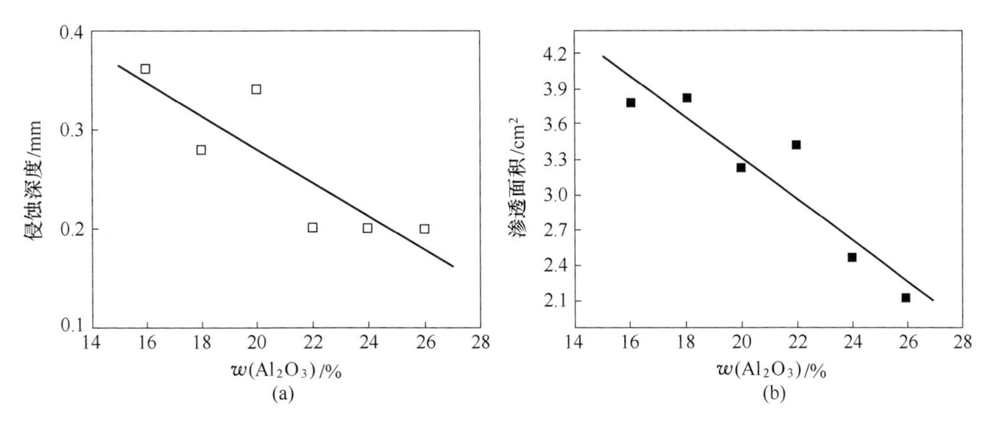

图 4-4 渣中 Al_2O_3 含量与侵蚀深度和渗透面积的关系

（a）侵蚀深度；（b）渗透面积

在本书实验条件下，渣液对镁炭砖的侵蚀有两个方面的作用机理：一是溶出；二是反应。CaF_2可以与 MgO 形成低熔点共晶，其共晶温度仅 1623K，见图 4-5a[47]，使坩埚中的 MgO 溶入液渣中。Al_2O_3 可与 MgO 反应生成一种低熔点化合物 MgO · Al_2O_3，其熔点很高，达到 2408K 左右，比 Al_2O_3 的熔点 2273K 还要高，即使 MgO · Al_2O_3 和 Al_2O_3 间的共晶温度也高达 2196K，见图 4-5b[47]。可见渣中 Al_2O_3 和镁炭砖中的 MgO 在 1823K 的实验温度条件下不可能形成液相。

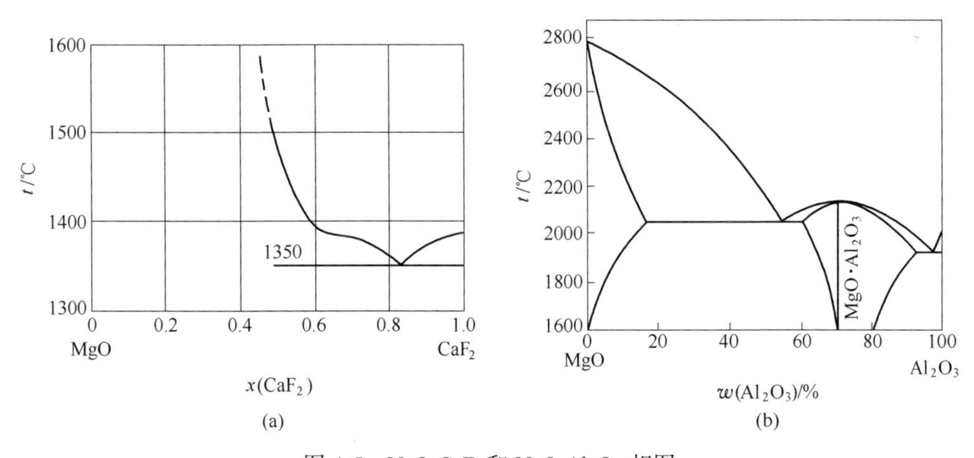

图 4-5 MgO-CaF_2和 MgO-Al_2O_3 相图

（a）MgO-CaF_2相图；（b）MgO-Al_2O_3 相图

Al_2O_3 虽然能与 MgO 生成 MgO · Al_2O_3，但是由式（4-1）和式（4-2）[108,109]可见 Al_2O_3 与 CaO 之间的结合力更强，用 Factsage 进行热力学计算，计算结果如下：

(gram) 50CaO+ 60Al_2O_3+ 1000MgO

0.00000 gram (10.653 wt.% MgO
+ 40.458 wt.% CaO
+ 48.889 wt.% Al_2O_3)
(1000.00 C, 1 atm, Slag-liquid, a=0.94249)
+ 1000.0 gram MgO_periclase
(1000.00 C, 1 atm, S1, a= 1.0000)
+ 69.043 gram $CaAl_2O_4$
(1000.00 C, 1 atm, S1, a= 1.0000)
+ 40.957 gram $Ca_3Al_2O_6$
(1000.00 C, 1 atm, S1, a= 1.0000)

由计算结果可以发现，在渣中 CaO 含量比 Al_2O_3 含量高的情况下，Al_2O_3 首先会与 CaO 反应生成 3CaO · Al_2O_3 和 CaO · Al_2O_3，而不论 MgO 含量如何，Al_2O_3 都不会与 MgO 发生反应，说明增加渣中 Al_2O_3 含量通过反应的方式对镁炭砖造成的侵蚀作用较微弱。

$$3CaO + MgO \cdot Al_2O_3 = 3CaO \cdot Al_2O_3 + MgO$$

$$\Delta G^{\ominus}_{1550℃} = 23000 - 22.6T = -18200 J/mol \tag{4-1}$$

$$CaO + MgO \cdot Al_2O_3 = CaO \cdot Al_2O_3 + MgO$$

$$\Delta G^{\ominus}_{1550℃} = 17600 - 16.74T = -12917 J/mol \tag{4-2}$$

用 Factsage 软件对 CaO-SiO_2-MgO-Al_2O_3 四元无氟渣进行相平衡热力学计算，渣的化学成分组成为：CaO 52%-SiO_2 14%-Al_2O_3 26%-MgO 8%，其中 MgO 溶解度的计算结果如下：

(gram) 52CaO + 14SiO_2+ 26Al_2O_3+ 8MgO + 1000MgO =

101.19 gram (9.0831 wt.% MgO
+ 13.835 wt.% SiO_2
+ 51.388 wt.%CaO
+ 25.694 wt.% Al_2O_3)
(1500.00 C, 1 atm, Slag-liquid)
+ 998.81 gram MgO_periclase
(1500.00 C, 1 atm, S1, a= 1.0000)

由计算结果可知，CaO 52%-SiO_2 14%-Al_2O_3 26%-MgO 8%无氟渣中 MgO 的溶解度仅为 9.0831%，在 CaO-SiO_2-MgO-Al_2O_3（26%）相图中的位置见图 4-6 中的“*”。由平衡计算结果和相图都可以看出，渣中 MgO 含量接近于饱和，说明镁炭砖中的 MgO 因溶解而造成的侵蚀作用也比较微弱。

分别对采用 CaF_2 10%-Al_2O_3 16%的含氟渣和 Al_2O_3 26%的无氟渣侵蚀的坩埚

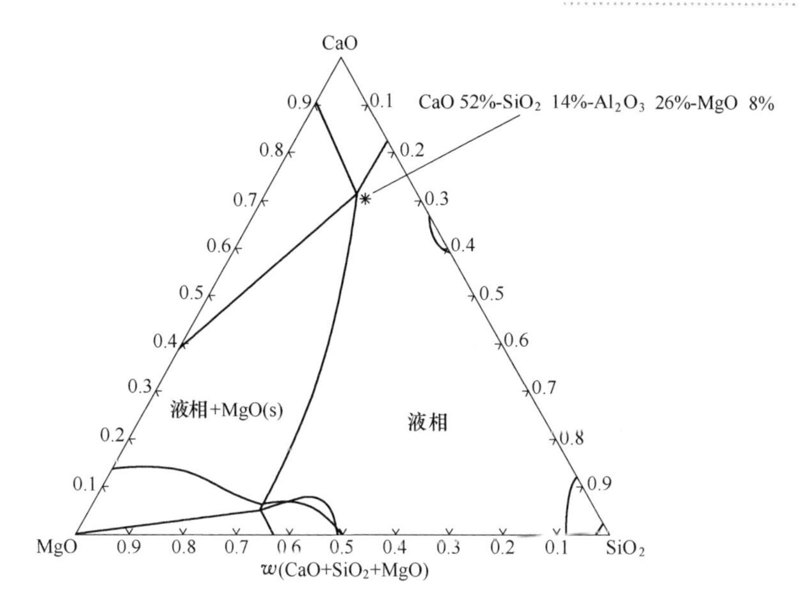

图 4-6 1823K 下 $CaO-SiO_2-MgO-Al_2O_3(26\%)$ 相图

试样进行 SEM（日本 JEOL 公司 JSM6301F）及能谱分析。CaF_2 10%-Al_2O_3 16% 坩埚试样的 SEM 照片见图 4-7，其能谱数据见表 4-2。

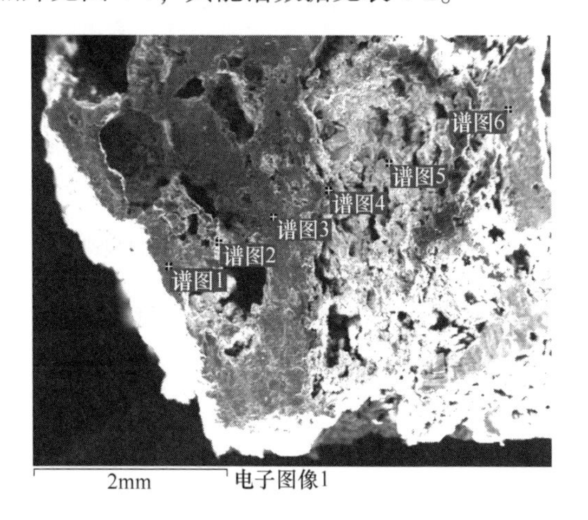

图 4-7 CaF_2 含量为 10%的精炼渣侵蚀镁炭砖后的形貌

表 4-2 能谱数据（质量分数） %

图谱	C	O	Mg	Al	Si	Ca
1	13.72	48.07	12.51	6.83	1.81	8.72
2	6.18	45.70	24.32	5.13	1.15	5.45
3	11.30	45.01	32.98	3.00	0.05	3.18

续表 4-2

图谱	C	O	Mg	Al	Si	Ca
4	5.13	43.18	31.89	2.06	1.51	5.85
5	12.24	48.11	25.46	1.42	0.78	0
6	7.43	49.85	34.58	1.43	0.59	1.36

含 Al_2O_3 26%的无氟渣侵蚀后坩埚试样的 SEM 照片见图 4-8，其能谱数据见表 4-3。

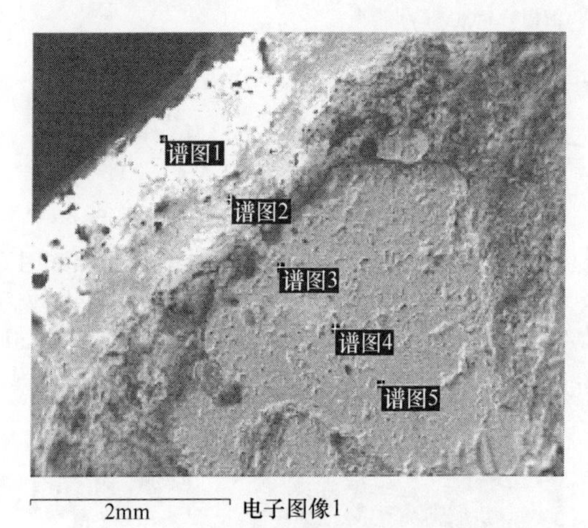

图 4-8 含 Al_2O_3 26%的无氟渣侵蚀后坩埚试样的 SEM 照片

表 4-3 含 Al_2O_3 26%的无氟渣侵蚀后坩埚试样的能谱值（质量分数） %

图谱	C	O	Mg	Al	Si	Ca
1	11.94	45.93	28.60	6.22	0.10	7.21
2	3.94	44.59	49.16	0.92	0.25	1.14
3	4.89	49.10	43.53	1.25	0.43	0.80
4	4.62	48.02	44.90	0.60	0.59	1.27
5	10.16	53.66	33.4	0.30	1.10	1.38

对能谱数据中 Mg、Al、Si、Ca 元素含量进行折算，转换为 MgO、Al_2O_3、SiO_2 和 CaO 的百分含量，结果见表 4-4。

表 4-4 能谱位置氧化物组成（质量分数） %

Al_2O_3 含量/%	图谱	MgO	Al_2O_3	SiO_2	CaO	Al_2O_3 含量/%	图谱	MgO	Al_2O_3	SiO_2	CaO
16	1	33.2	41.1	6.2	19.5	26	1	58.5	28.8	0.3	12.4
	2	57.9	27.7	3.6	10.9		2	93.6	3.9	0.6	1.8
	3	77.6	15.9	0.2	6.3		3	91.5	5.9	1.2	1.4
	4	73.5	10.8	4.5	11.3		4	93.4	2.8	1.6	2.2
	5	85.8	10.8	3.4	0.0		5	91.1	1.9	3.9	3.2
	6	87.1	8.2	1.9	2.9						

由表 4-4 结合图 4-8 可以看出用 Al_2O_3 替代 CaF_2后，Al_2O_3 的渗透深度不但没有增加，反而有所下降。采用 Factsage 软件对表 4-4 中的数据利用自由能最小原理进行热力学计算，结果如下：

(gram) 33.2MgO + 41.1Al_2O_3+ 6.2SiO_2+ 19.5CaO =
93.587 gram (28.623 wt.% MgO + 6.6248 wt.% SiO_2
+ 20.836 wt.%CaO+ 43.916 wt.% Al_2O_3)
(1550.00 C, 1 atm, Slag-liquid)
+ 6.4128 gram MgO_periclase (1550.00 C, 1 atm, S1, a= 1.0000)

(gram) 57.9MgO + 27.7Al_2O_3+ 3.6SiO_2+ 10.9CaO =
59.978 gram (30.315 wt.% MgO + 6.0022 wt.% SiO_2
+ 18.173 wt.%CaO + 45.509 wt.% Al_2O_3)
(1550.00 C, 1 atm, Slag-liquid)
+ 39.557 gram MgO_periclase (1550.00 C, 1 atm, S1, a= 1.0000)
+ 0.56415 gram $MgAl_2O_4$_spinel (1550.00 C, 1 atm, S1, a= 1.0000)

(gram) 77.6MgO + 15.9Al_2O_3+ 0.2SiO_2+ 6.3CaO =
30.917 gram (27.547 wt.% MgO + 0.64690 wt.% SiO_2
+ 20.377 wt.% CaO + 51.428 wt.% Al_2O_3)
(1550.00 C, 1 atm, Slag-liquid)
+ 69.083 gram MgO_periclase (1550.00 C, 1 atm, S1, a= 1.0000)

(gram) 85.8MgO + 10.8Al_2O_3+ 3.4SiO_2+ 0CaO =
0.00000 gram (52.051 wt.% MgO+ 27.259 wt.% SiO_2
+ 20.690 wt.%Al_2O_3)
(1550.00 C, 1 atm, Slag-liquid, a=0.92968)
+ 76.969 gram MgO_periclase (1550.00 C, 1 atm, S1, a= 1.0000)
+ 15.069 gram $MgAl_2O_4$_spinel (1550.00 C, 1 atm, S1, a= 1.0000)
+ 7.9614 gram Mg_2SiO_4_forsterite (1550.00 C, 1 atm, S1, a= 1.0000)

可见精炼渣对耐火材料的侵蚀分为四个阶段：第一阶段为固相反应期，即渣中 Al_2O_3、SiO_2 与 MgO 发生固相反应生成固态的 $MgAl_2O_4$ 或 Mg_2SiO_4；第二阶段为液相开始形成期，由于固相反应和扩散的进一步进行，在 MgO 骨架中开始形成液态渣，由于液体具有流动性，物质通过液态对流扩散加速，侵蚀正式开始；第三阶段为熔融期，其为固液两相区，液相中有大量 MgO 和 $MgAl_2O_4$ 等固体质点存在；第四阶段为液态期，由于扩散的加速，渣中其他氧化物扩散进入，熔点进一步降低，最终形成液态渣，完成侵蚀过程。

由以上计算结果分析侵蚀过程为：SiO_2、Al_2O_3 先与坩埚壁内 MgO 反应生成 $MgO \cdot SiO_2$、$2MgO \cdot SiO_2$ 和 $MgO \cdot Al_2O_3$ 复杂化合物，由于 SiO_2、Al_2O_3 与 CaO 的结合能力比 MgO 强，渣中的 CaO 逐渐扩散进入坩埚壁内，并逐渐取代以复杂氧化物形态存在的 MgO。从表 4-4 可以看出，在坩埚内壁受熔渣侵蚀的地方，Al_2O_3、SiO_2 含量高，同时 CaO 含量也相应较高可以证明这一点。含 10% CaF_2 的渣侵蚀比无氟渣严重，其原因在于 CaF_2 与 MgO 形成共晶后溶出，留下空隙，使渣中的其他氧化物更容易进入，加快了熔渣对坩埚内壁的侵蚀。

图 4-9 和图 4-10 分别为含 CaF_2 10% 和 Al_2O_3 完全取代 CaF_2 形成无氟渣后，坩埚内壁对应能谱处即从侵蚀界面开始向内的 SEM 放大照片。可以看出，含 CaF_2 10% 精炼渣侵蚀后坩埚内部 MgO 颗粒不明显，且空隙较多，而 Al_2O_3 取代 CaF_2 形成的无氟渣侵蚀后却没有明显改变镁炭砖的结构，仍然比较致密，说明 Al_2O_3 取代 CaF_2 配制的无氟渣可以减小对镁炭砖的侵蚀。

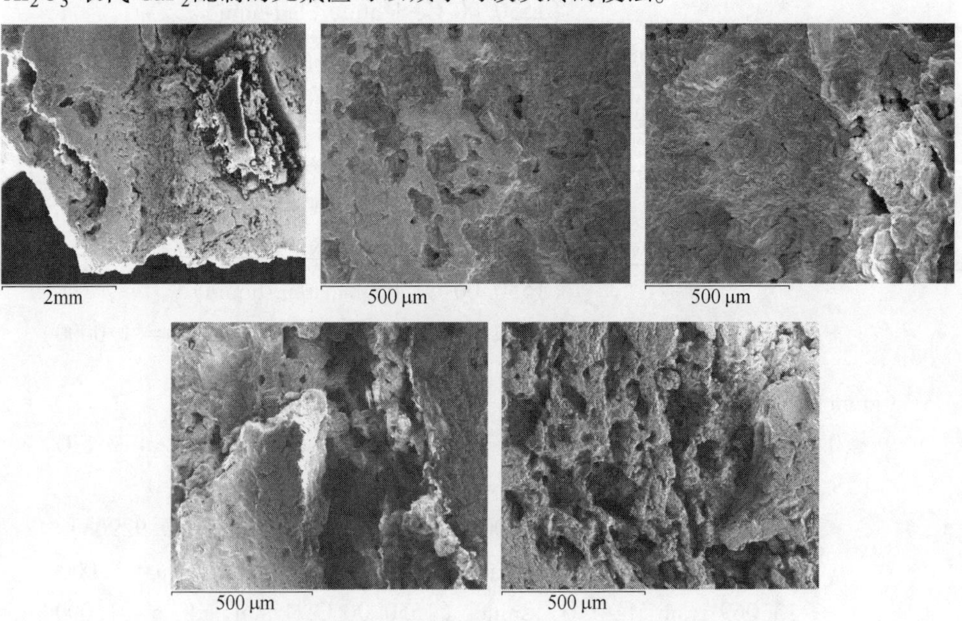

图 4-9 含 CaF_2 10% 精炼渣侵蚀后坩埚内壁 SEM 照片

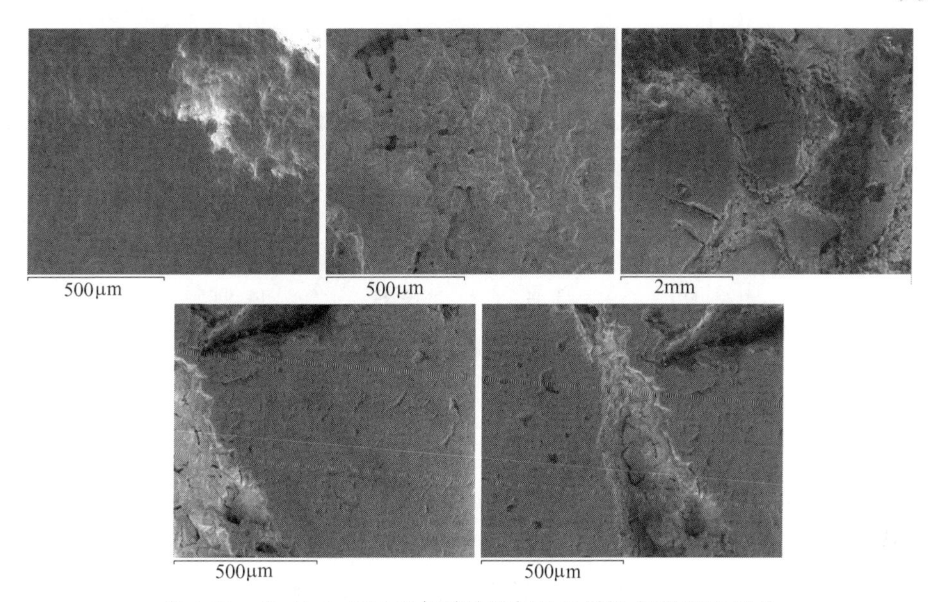

图 4-10 含 Al_2O_3 26%无氟精炼渣侵蚀后坩埚内壁 SEM 照片

4.2.3 SiO_2 替代 CaF_2 对钢包用镁炭砖的侵蚀

SiO_2 替代 CaF_2 后形成的新渣系在 1823K 下对镁炭砖的侵蚀情况见图 4-11，

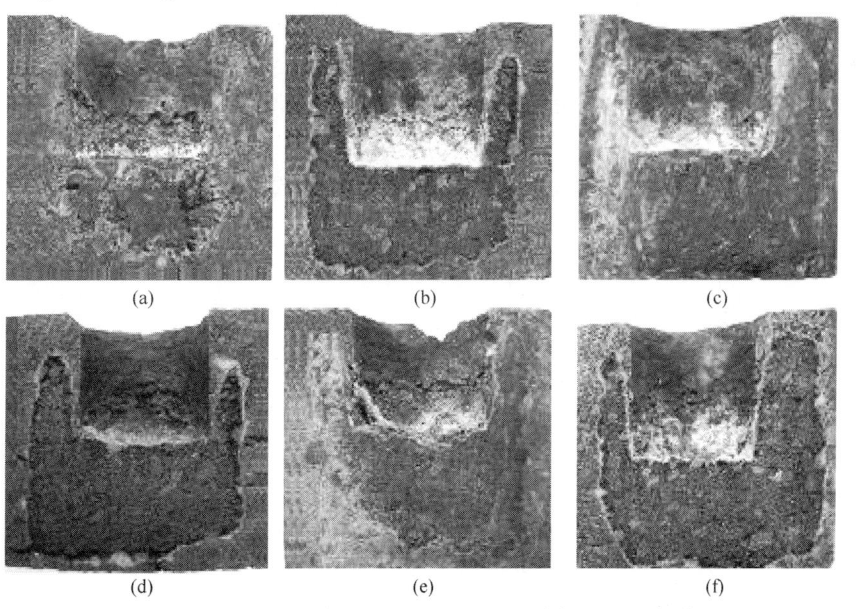

图 4-11 SiO_2 替代 CaF_2 后渣液对镁炭砖侵蚀后的形貌

(a) $w(CaF_2)=10\%$；(b) $w(CaF_2)=8\%$；(c) $w(CaF_2)=6\%$；(d) $w(CaF_2)=4\%$；(e) $w(CaF_2)=2\%$；(f) $w(CaF_2)=0$

侵蚀前后深度见表 4-5。由图可以看出含 SiO_2 24%的无氟渣（图 4-11f）渗透较小。

表 4-5 SiO_2 替代 CaF_2 后精炼渣对镁炭砖的侵蚀深度和渗透面积

SiO_2 含量/%	原始深度/mm	侵蚀后深度/mm	侵蚀深度/mm	剖面面积/cm^2	渗透面积/cm^2
14	24. 00	24. 36	0. 36	17. 01000	3. 775
16	23. 94	24. 32	0. 38	17. 75701	3. 244
18	23. 00	23. 34	0. 34	14. 3905	3. 132
20	24. 94	25. 30	0. 29	19. 36694	2. 791
22	22. 60	22. 95	0. 25	22. 24558	2. 704
24	22. 14	22. 48	0. 26	16. 06236	1. 339

同样对用含 SiO_2 24%的无氟渣侵蚀后的镁炭砖进行能谱分析，结果见图 4-12 和表 4-6。

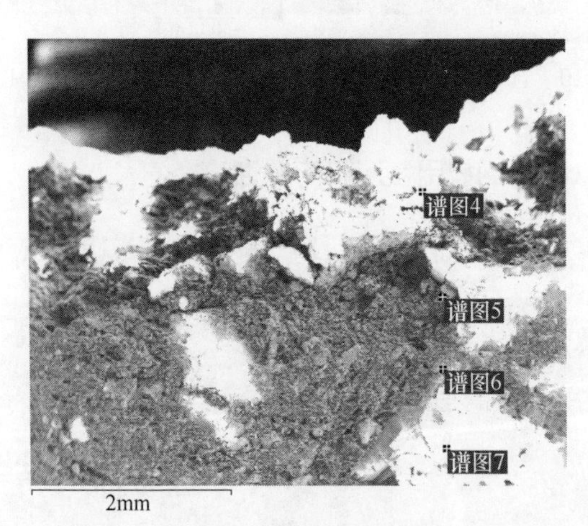

图 4-12 含 SiO_2 24%的无氟渣侵蚀后坩埚内壁的 SEM 形貌

表 4-6 含 SiO_2 24%的无氟渣侵蚀后坩埚内壁的能谱值（质量分数） %

图谱	C	O	Mg	Al	Si	Ca
4	8. 24	40. 36	24. 87	0. 27	21. 56	1. 42
5	13. 99	43. 74	23. 62	0. 11	5. 00	2. 24
6	3. 23	36. 49	52. 43	1. 47	0. 41	3. 01
7	5. 54	39. 94	51. 67	0. 25	0. 01	0. 54

对能谱数据中 Mg、Al、Si、Ca 含量进行处理，折算为 MgO、Al_2O_3、SiO_2 和 CaO 百分含量，结果见表 4-7。

表 4-7 含 SiO_2 24%的无氟渣侵蚀后能谱对应位置氧化物含量（质量分数） %

SiO_2 含量	图谱	MgO	Al_2O_3	SiO_2	CaO
24	4	45.7210	1.1251	50.9610	2.1929
	5	73.4010	0.7748	19.9770	5.8473
	6	89.1400	5.6649	0.8963	4.2987
	7	98.0400	1.0752	0.0244	0.8607

从表中数据可以看出，在距侵蚀界面 2mm 深处 SiO_2 含量高达 19.977%，而 Al_2O_3 含量较低，说明 SiO_2 较易进入镁炭砖内部。SiO_2-MgO 相图见图 4-13[47]，该二元系能够生成两种低熔点化合物 $2MgO \cdot SiO_2$ 和 $MgO \cdot SiO_2$，而两者间低熔共晶点温度仅为 1868K，对表中数据用 Factsage 软件进行计算，发现以四种氧化物形态存在：MgO、$2MgO \cdot SiO_2$、$CaO \cdot MgO \cdot SiO_2$ 和 $MgO \cdot Al_2O_3$。由此可见，SiO_2 的渗透过程为：SiO_2 首先与 MgO 反应生成 $2MgO \cdot SiO_2$，之后 CaO 扩散进入，取代 MgO 形成 $CaO \cdot MgO \cdot SiO_2$，同时有少量的 Al_2O_3 与 MgO 反应渗透进入。

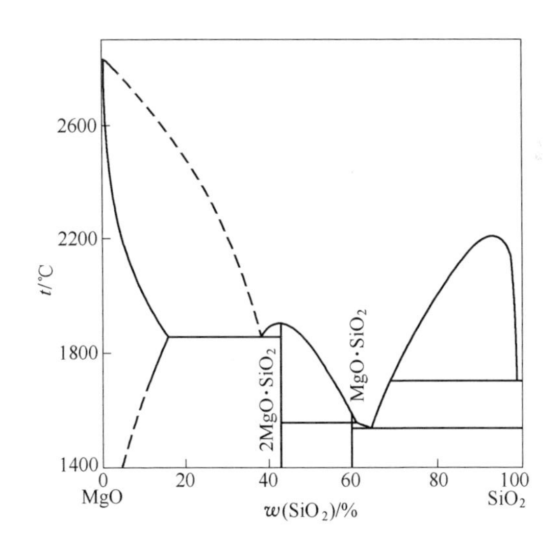

图 4-13 SiO_2-MgO 相图

用 Factsage 软件计算 $CaO-Al_2O_3-MgO-SiO_2$ 24%四元相图，结果见图 4-14。高 SiO_2 无氟渣 CaO 52%-Al_2O_3 16%-MgO 8%-SiO_2 24%所在位置见图中“*”，可见其距离 MgO 的溶解度曲线较远，进一步计算发现，该无氟渣系中 MgO 的溶解度为 10.764%。

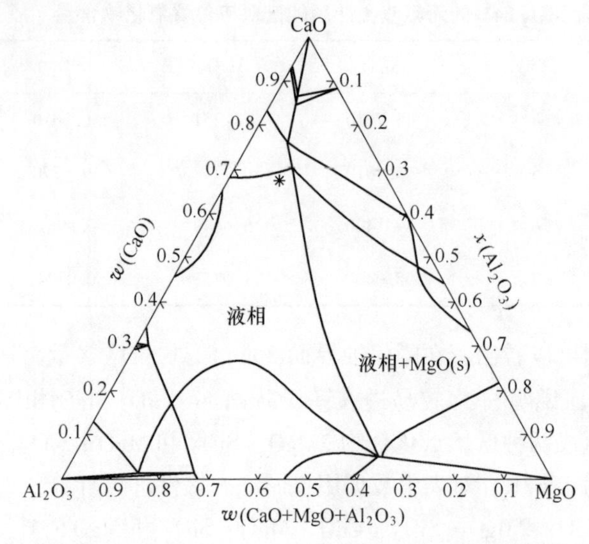

图 4-14　$CaO-Al_2O_3-MgO-SiO_2$ 24%1823K 时四元相图

图 4-15 给出了能谱 4、5、6 三个位置的 SEM 照片。可以看出通过提高 SiO_2

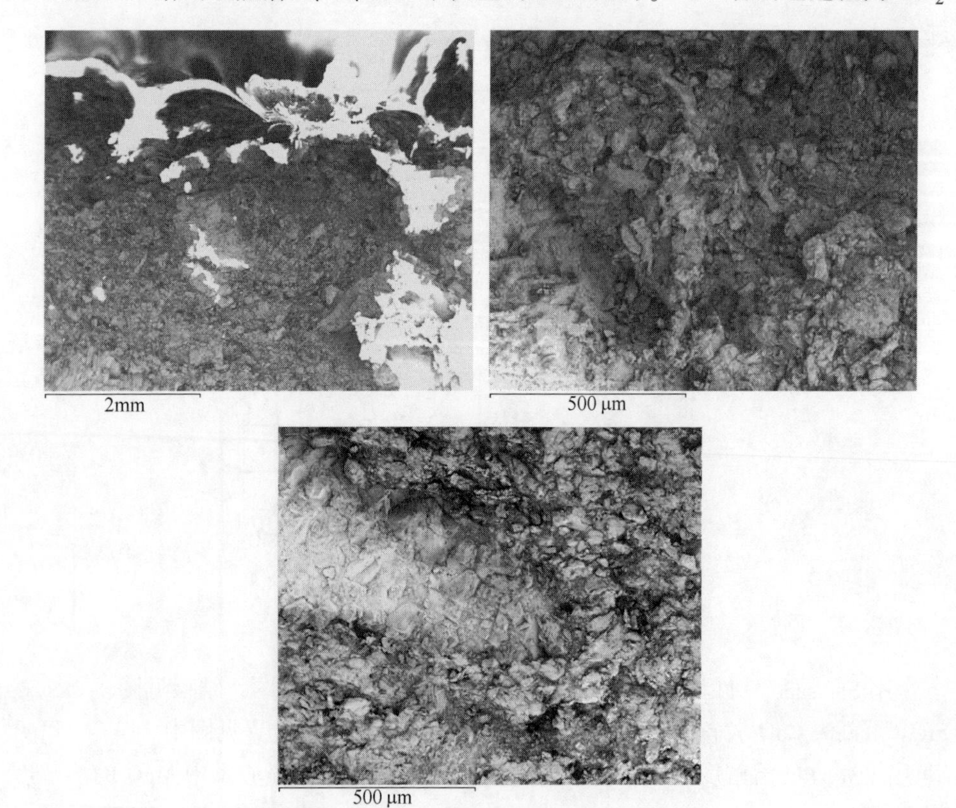

图 4-15　能谱 4、5、6 对应位置 SEM 照片

含量替代 CaF_2后，侵蚀后的镁炭砖内部结构发生了较大变化，其中颗粒尺寸较小，尤其从第三张图可以看出 MgO 大颗粒均已细化，说明增加渣中 SiO_2含量对镁炭砖侵蚀较增加 Al_2O_3更为严重。

4.2.4 B_2O_3替代 CaF_2对钢包用镁炭砖的侵蚀

B_2O_3替代 CaF_2后形成的新渣系在 1823K 下对镁炭砖侵蚀情况见图 4-16，侵蚀前后深度见表 4-8。由图可以看出含 B_2O_3的渣渗透侵蚀较为严重，含 8% B_2O_3（图 4-16e）的渣已经渗透侵蚀到坩埚的上部区域。

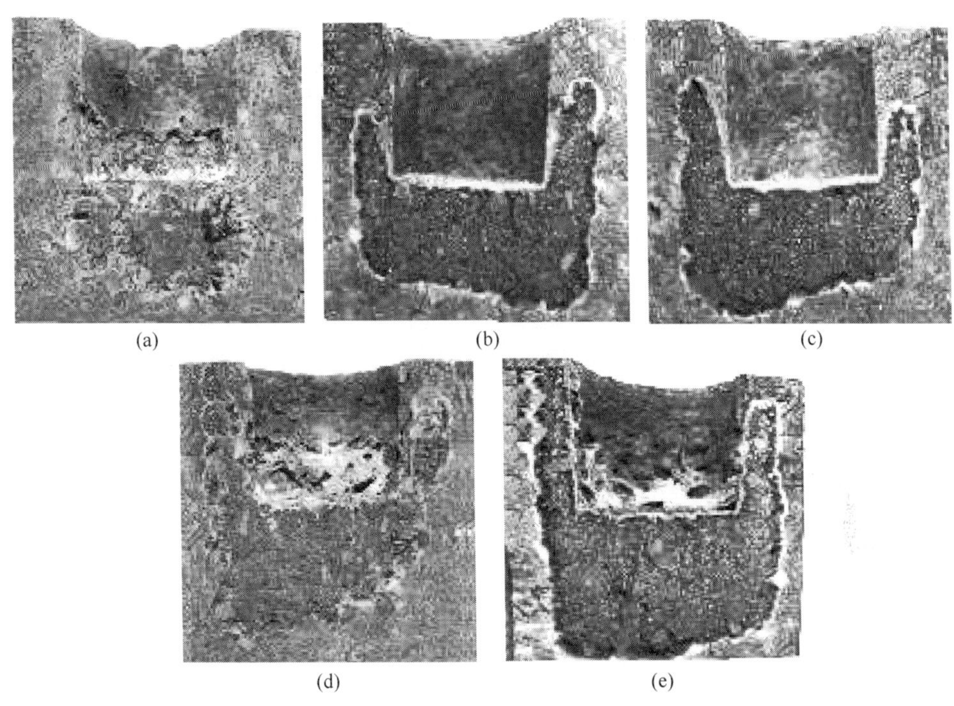

(a) (b) (c) (d) (e)

图 4-16 B_2O_3替代 CaF_2的渣对镁炭砖侵蚀后的形貌

(a) $w(CaF_2)=8\%$；(b) $w(CaF_2)=6\%$；(c) $w(CaF_2)=4\%$；(d) $w(CaF_2)=2\%$；(e) $w(CaF_2)=0$

表 4-8 B_2O_3替代 CaF_2的渣液对镁炭砖的侵蚀深度和渗透面积

B_2O_3含量 /%	原始深度 /mm	侵蚀后深度 /mm	侵蚀深度 /mm	剖面面积 /cm^2	渗透面积 /cm^2
0	24.00	24.36	0.36	17.01	3.775
2	24.52	24.90	0.38	18.99	3.30
4	23.46	23.87	0.41	16.11	2.42
6	23.76	24.19	0.43	18.14	2.79
8	24.28	24.73	0.42	17.54	2.63

B_2O_3熔点很低，仅为723K，是研制低氟或无氟渣的重要替代物质，从熔点、黏度和冶金效果来看用B_2O_3取代CaF_2均取得了较好的结果。图4-17为B_2O_3-MgO二元相图，可以看出B_2O_3降低MgO熔点的效果较CaF_2强，而且能与MgO生成三种低熔点复杂氧化物：$3MgO \cdot B_2O_3$、$MgO \cdot 2B_2O_3$、$2MgO \cdot B_2O_3$，其中熔点最高的仅为1680K，说明B_2O_3的添加加剧了对镁炭砖的侵蚀。

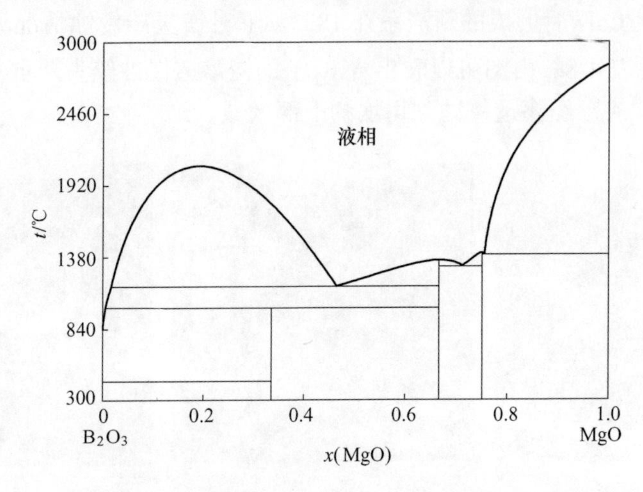

图4-17 B_2O_3-MgO二元相图

用Factsage软件计算CaO 52%-Al_2O_3 18%-SiO_2 14%-B_2O_3 8%-MgO 8%渣中MgO的溶解度，计算结果如下：

(gram) 52CaO + 14SiO_2+ 18Al_2O_3+8MgO + 8B_2O_3+ 1000MgO =
110.62 gram (18.183 wt. % MgO
\+ 12.656 wt. % SiO_2
\+ 45.656 wt. %CaO
\+ 16.272 wt. % Al_2O_3
\+ 7.2322 wt. % B_2O_3)
(1550.00 C, 1 atm, Slag-liquid)
\+ 987.89 gram MgO_periclase
(1550.00 C, 1 atm, S1, a= 1.0000)
\+ 1.4966 gram CaO_lime
(1550.00 C, 1 atm, S1, a= 1.0000)

由计算结果可以看出，MgO在该渣系中溶解度很高，达到18.183%。通过Factsage热力学计算得出CaO-Al_2O_3-MgO-B_2O_3 8%渣系相图，见图4-18，发现体系点（图中"*"点）距离MgO溶解度曲线较远。由此可以说明在渣中添加B_2O_3可加剧对镁炭砖的侵蚀。

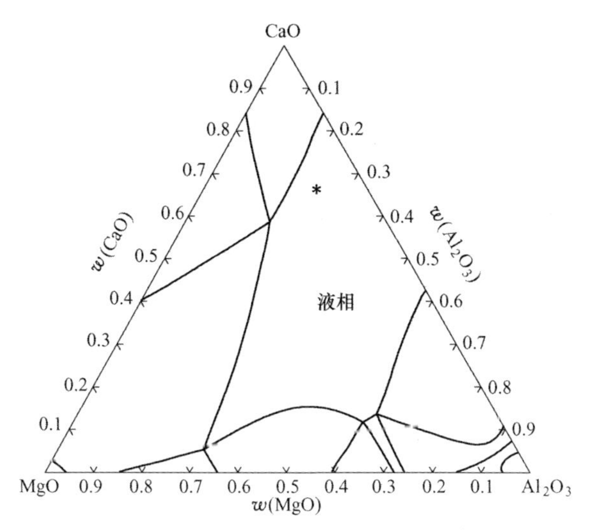

图 4-18 CaO-Al_2O_3-MgO-B_2O_3 8%1823K 时四元相图

对用含 B_2O_3 8%的无氟渣侵蚀后的镁炭砖进行能谱分析，结果见图 4-19 和表 4-9。

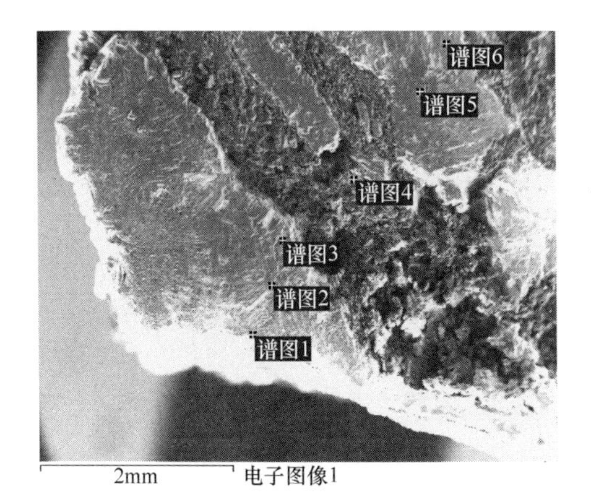

图 4-19 含 B_2O_3 8%的无氟渣侵蚀后镁炭砖的 SEM 形貌

表 4-9 含 B_2O_3 8%的无氟渣侵蚀后能谱值（质量分数） %

图谱	C	O	Mg	Al	Si	Ca
1	4.19	35.07	33.09	11.04	0.78	12.81
2	3.34	35.11	56.09	0.63	0.00	1.27
3	2.43	35.09	56.35	0.37	0.00	0.66
4	33.40	28.00	18.52	0.49	0.61	12.24
5	5.18	34.74	52.72	0.25	0.00	3.96
6	1.99	36.33	56.39	0.00	0.00	1.90

对能谱数据中 Mg、Al、Si、Ca 含量进行处理，折算为 MgO、Al_2O_3、SiO_2和 CaO 的百分含量，结果见表 4-10。由表 4-10 数据可见 Al_2O_3和 CaO 含量仅在紧邻侵蚀面的一层很高。图 4-20 为能谱位置 1、2、3、4 的 SEM 照片。可以看出孔隙率远比使用 10%的 CaF_2精炼渣侵蚀后要低，而且由表 4-8 可以看出 B_2O_3替代 CaF_2后渗透面积减小，以上三方面分析结果表明 B_2O_3取代 CaF_2后渣对耐火材料的侵蚀深度增加，但渗透面积减小。

表 4-10　含 B_2O_3 8%的无氟渣侵蚀后能谱对应位置氧化物组成（质量分数）　%

渣中 B_2O_3含量	图谱	MgO	Al_2O_3	SiO_2	CaO
8	1	47.354	35.8120	1.4352	15.3990
	2	95.742	2.4375	0.0000	1.8210
	3	97.587	1.4524	0.0000	0.9601
	4	60.331	3.6182	2.555	33.4950
	5	93.123	1.0009	0.0000	5.8756
	6	97.248	0.0000	0.0000	2.7524

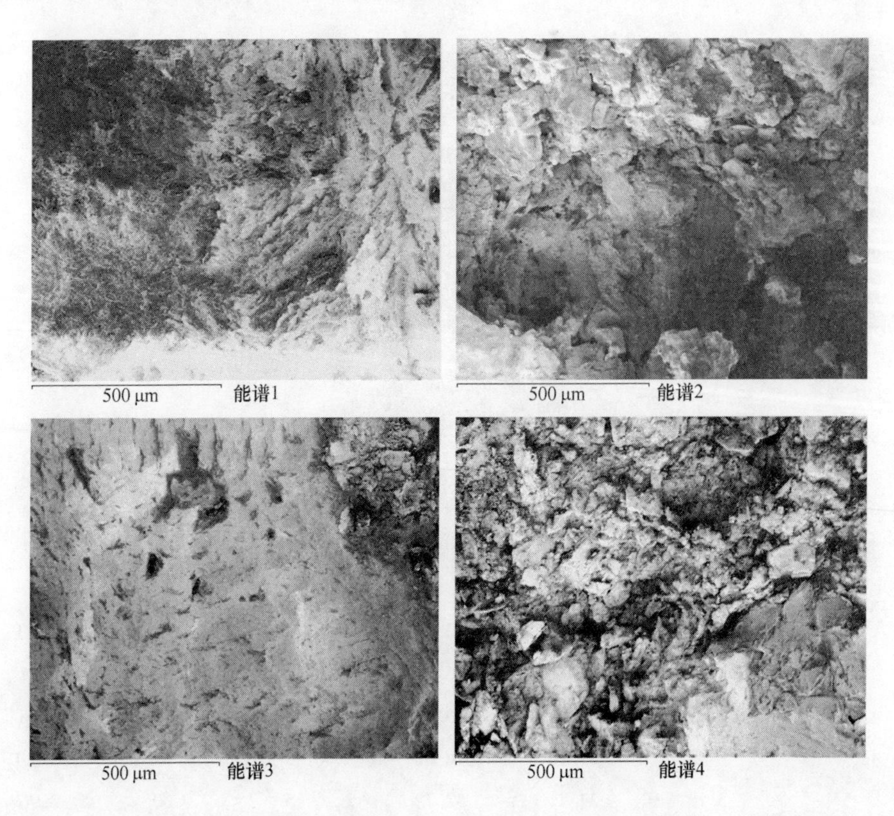

图 4-20　含 B_2O_3 8%的无氟渣侵蚀后能谱对应位置（能谱 1、能谱 2、能谱 3、能谱 4）SEM 照片

4.3 最佳无氟精炼渣组成范围

Al_2O_3、SiO_2、CaO 和 B_2O_3四种替代物替换 CaF_2后，渣熔点、脱硫、脱氧、去除夹杂和对耐火材料的侵蚀与替代物含量之间的关系见图 4-21。可以看出：首

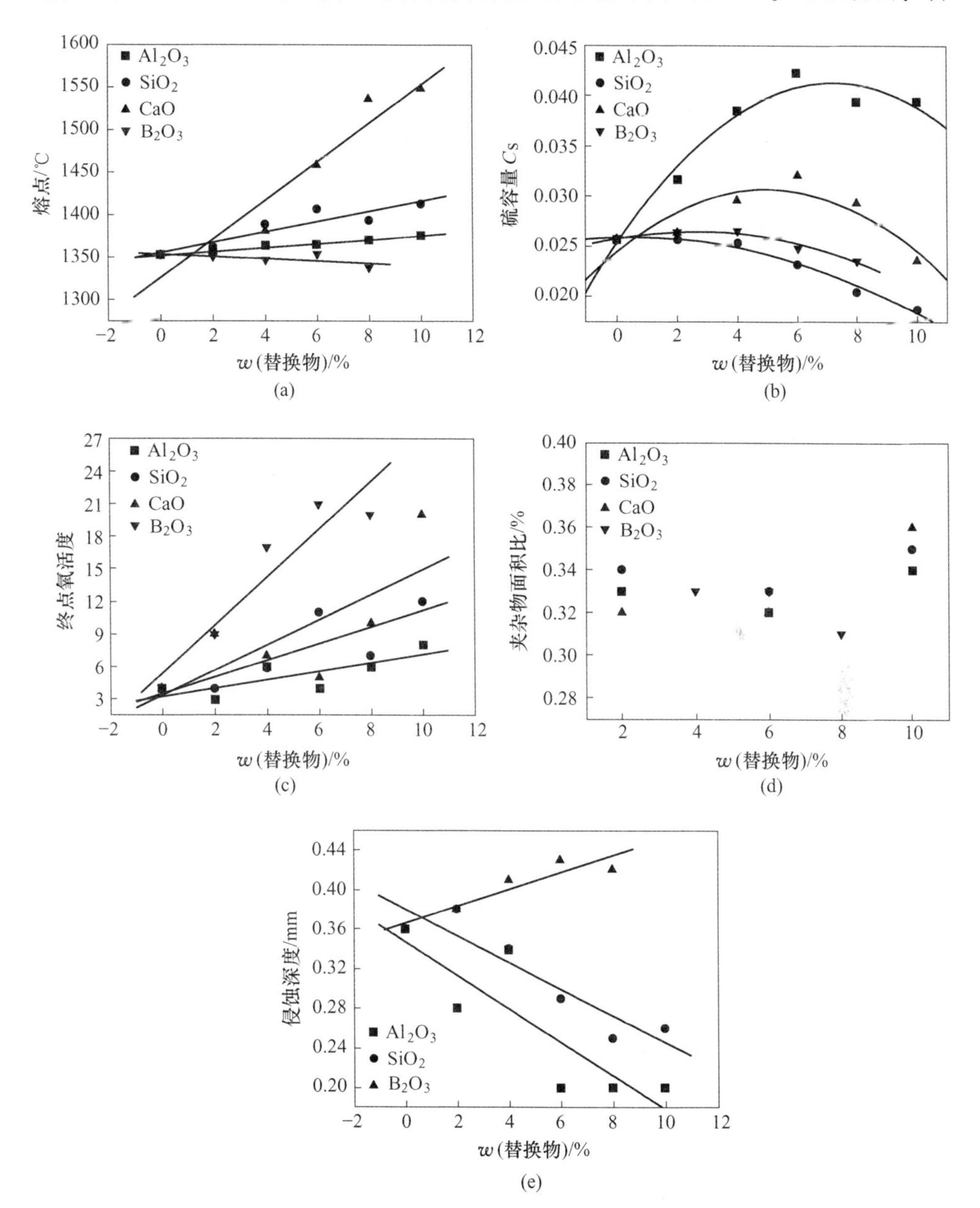

图 4-21 不同替代物对精炼渣熔化性能和冶金性能及侵蚀的影响

(a) 熔化性能；(b) 硫容量；(c) 终点氧活度；(d) 去除夹杂；(e) 侵蚀深度

先在降低熔点方面 B_2O_3 具有优势，增加其含量熔点明显降低；其次 Al_2O_3 和 SiO_2 替代 CaF_2 也可以满足炉外精炼对渣熔点的要求，而用 CaO 替代 CaF_2 则熔点偏高；从有利于脱硫反应来看，四种替代物排列次序依次为：Al_2O_3、CaO、B_2O_3 和 SiO_2，Al_2O_3 含量为22%时硫容量达到最高，SiO_2 含量在14%~18%时硫容量变化较小，B_2O_3 含量在0~4%时硫容量变化较小，而 CaO 含量在58%时硫容量达到最高；采用 Al_2O_3、CaO、SiO_2 替代 CaF_2，当替代量小于6%时终点氧活度变化不大，而用 B_2O_3 替代则终点氧活度升高；从夹杂物去除方面分析，采用 Al_2O_3、CaO 和 SiO_2 替代 CaF_2，当其替代量低于6%时夹杂物总量变化较小，大于6%时有所升高，而采用 B_2O_3 替代则有利于夹杂的去除；从对耐火材料的侵蚀看，采用 Al_2O_3 和 SiO_2 替代会减轻侵蚀，而 B_2O_3 会加剧侵蚀，CaO 由于其熔点高，替代后基本不会产生侵蚀。

将不同替代物对精炼渣熔化性能、冶金性能及对耐火材料的侵蚀情况等进行综合分析可以得出，Al_2O_3 不论在熔点还是在冶金效果方面都可以取得较好的效果。根据实验结果得出最佳低氟炉外精炼渣组成为：CaO 52%~58%、SiO_2 14%~18%、Al_2O_3 16%~22%、MgO 8%、B_2O_3 0~4%。

结合第3章结论可以看出，在精炼阶段用 Al_2O_3 替代 CaF_2 可以取得较好的冶金效果，且 Al_2O_3 原料便宜，具有实用价值。

4.4　本章小结

本章研究了精炼渣低氟化后对精炼期间钢包用耐火材料的侵蚀问题，并综合分析得出了最佳低氟（或无氟）炉外精炼渣的组成。

采用静态坩埚法测定了1823K下含氟和低氟（或无氟）炉外精炼渣对钢包镁碳质耐火材料的侵蚀情况，并采用扫描电镜结合能谱对侵蚀过程进行了分析；最后对几种替代物即 Al_2O_3、SiO_2、CaO 和 B_2O_3，从熔点、冶金效果和对耐火材料的侵蚀几个方面进行了对比，从而得出最佳低氟（或无氟）炉外精炼渣的组成，结论如下：

（1）用 Al_2O_3 替代 CaF_2 后，侵蚀深度降低44.44%，渗透面积降低43.55%，明显减轻了对耐火材料的侵蚀。SEM 分析表明，用含10% CaF_2 的精炼渣侵蚀后镁炭砖内部 MgO 颗粒界线模糊，而且出现大量孔隙，而用 Al_2O_3 替代后镁炭砖内部结构致密。Al_2O_3 替代 CaF_2 后对镁炭砖的渗透过程为：SiO_2、Al_2O_3 先与坩埚壁内 MgO 反应生成 $MgO \cdot SiO_2$、$2MgO \cdot SiO_2$ 和 $MgO \cdot Al_2O_3$ 复杂化合物，之后由于 SiO_2、Al_2O_3 与 CaO 的结合能力比 MgO 强，渣中的 CaO 逐渐扩散进入壁内，逐渐取代复杂氧化物中的 MgO，产生侵蚀。

（2）用 SiO_2 替代 CaF_2 后，侵蚀减轻。SEM 分析显示，镁炭砖内部 MgO 颗粒开始细化，其渗透过程为：SiO_2 首先与 MgO 反应生成 $2MgO \cdot SiO_2$，之后 CaO 扩散进入，取代 MgO 形成 CaO · MgO · SiO_2，同时少量的 Al_2O_3也与 MgO 反应渗透进入坩埚壁内部。

（3）用 B_2O_3替代 CaF_2后，对镁炭砖的侵蚀程度略有增加，原因在于 B_2O_3熔点较低，它与 MgO 的共晶温度更低，仅 1427K，同时 B_2O_3与 MgO 可形成多种较低熔点的复杂化合物；B_2O_3与 MgO 结合后熔出形成大量空隙，导致渣中 Al_2O_3、CaO 等更容易浸入，加快了侵蚀反应过程，从而使耐火材料的侵蚀加剧。

（4）以 Al_2O_3代替 CaF_2，在精炼渣熔点和冶金效果方面均取得了较好的效果。根据实验分析得出低氟炉外精炼渣组成为：CaO 52%～58%、SiO_2 14%～18%、Al_2O_3 16%～22%、MgO 8%、B_2O_3 0～4%。

5 低氟精炼渣在工业中的应用

根据基础实验得出的无氟精炼渣组成为：CaO 52%~58%、SiO_2 14%~18%、Al_2O_3 16%~22%、MgO 8%、B_2O_3 0~4%。为了验证该渣在工业生产中的应用效果，决定开发一种改质剂，通过在精炼过程添加该改质剂，把精炼渣成分调整到上述最佳成分范围，再进行工业试验来检验所研制无氟渣的精炼效果。

济钢一炼钢生产含铝钢，一般采用转炉出钢脱氧加铝、LF 炉精炼加铝的方法。由于转炉操作检测手段少，终点控制难度大，并且冶炼不同钢种脱氧合金化时加入的合金量不同，钢水氧含量偏差大，使得转炉脱氧加铝、精炼加铝控制难度加大，难以保证铝回收率；为保证生产效率，精炼时间较为紧张；钢水可浇性较差，影响产品质量的稳定性，故本书研究拟通过开发精炼渣改质剂解决上述含铝钢生产中遇到的一些难题。

5.1 含铝钢钢包顶渣改质剂的选择

在转炉出钢时，下渣在所难免，高氧化性的转炉渣给精炼过程带来了困难。由于转炉渣的（FeO）含量较高，钢水中的氧含量也高，因此会增加脱氧剂的消耗量，降低合金收得率，并增加钢中氧化物夹杂；对于精炼，高氧化性的顶渣也不利脱硫，所以在 LF 精炼阶段一个十分重要的问题就是降低顶渣的氧化性，可以通过添加钢包顶渣改质剂的方法来降低顶渣氧化性。

针对高铝钢精炼特点，本着高效实用、成本低廉、环境友好的原则，确定钢包改质剂的最终组成，开发了钢包顶渣改质剂。试验用钢包顶渣改质剂形貌和组成分别见图 5-1 和表 5-1。

图 5-1　改质剂照片

表 5-1 改质剂成分（质量分数） %

Al	Al_2O_3	SiO_2	MgO	其他
13~17	58~62	8~12	3~7	< 8

5.2 含氟和低氟精炼渣工业生产试验

5.2.1 工业试验工艺流程

含氟和低氟（无氟）精炼渣生产试验在济钢某一钢厂含铝钢生产中进行，该厂采用转炉、LF 精炼、板坯连铸的生产工艺冶炼高铝钢。顶吹氧气转炉容量为 50t，每炉废钢用量在 11%左右，采用石灰、白云石、矿石、镁球和萤石造渣，冶炼一炉钢全过程需要 30min 左右。分别选择在 Q235C、Q345C 和 16MnR 钢种生产时进行添加改质剂试验，三种试验钢种厂内控成分见表 5-2。

表 5-2 试验钢种厂内控成分（质量分数） %

钢种	C	Si	Mn	P≤	S≤	Al_s≥
Q235C	0.10~0.18	0.12~0.30	0.40~0.70	0.035	0.035	0.008
Q345C	0.10~0.17	0.10~0.35	0.80~1.10	0.03	0.03	0.008
16MnR	0.12~0.18	0.20~0.50	1.30~1.55	0.025	0.017	0.010

5.2.1.1 原含氟渣生产工艺

三钢种原生产工艺为：转炉挡渣出钢→脱氧合金化→钢包转运到精炼车间→喂铝线→加精炼剂精炼→连铸。转炉和精炼部分具体工艺操作如下：

转炉终点碳含量按钢种控制（Q235C：0.09%~0.10%；Q345C：0.07%~0.09%；16MnR：0.07%~0.09%），出钢前向钢包加入 240kg 石灰，60kg 萤石，为了保证脱氧效果，应提高脱氧剂用量。对于 Q235C 和 16MnR 钢种冶炼，为了防止钢液硅含量偏高，故使用部分高碳 MnFe 脱氧，参考加入量：100kg/炉，其余用 SiMnFe 补齐。SiAlBa 加入量：Q235C 为 100~110kg/炉；Q345C 钢为 650~670kg/炉；16MnR 为 40~50kg/炉，对于 16MnR 配加 30kg/炉的钢芯铝，严禁加入过早或在其他合金加完前一次性把 SiAlBa 加完。Q345C 钢根据终点碳含量情况每炉配加 650~670kg 的 SiMnFe（Si：18%、Mn：65%左右）。合金加入顺序为：MnFe—SiMnFe—SiAlBa，其中脱氧剂 SiAlBa 含 Si 20%~25%，含 Al 约 35%。

出完钢后立即转到 LF 炉进行精炼。钢包坐好后立即开始吹氩。钢水吹氩

5min 时进行第一次取样。LF 精炼前首先在喂线位喂铝线进行强脱氧，参考铝线喂入量：ϕ12mm 的铝线 60 ~ 65m/炉（或 ϕ10mm 的铝线 85 ~ 90m/炉），然后在精炼位开始进行精炼。精炼造渣参考加入量：石灰 100~200kg，萤石 20~30kg（根据炉渣情况调整加入量），SiC 造白渣（加入量根据第一次取样成分进行适当调整）。为提高化渣速度、保证精炼效果，加入部分精炼剂（≤80kg），保持白渣时间不小于 10min。正常情况下在出站前 15min 开始第二次取样，精炼后期根据第二次取样分析结果，可喂入少量铝线适当调整铝含量，要求第二次取样的铝含量比厂内控下限值高 0.020%~0.030%（考虑到浇注过程中铝含量会有所降低）。精炼结束喂 SiCa 线时间适当提前，要求出站前 10~15min 喂入 100 ~ 120m SiCa 线（SiCa 线每米 220g，含 Si 55%、Ca 24%，每 40m 约增加 1 个 Si，即 0.01%），喂线结束后必须保证高于 10min 的软吹氩时间。

5.2.1.2　低氟（无氟）精炼渣生产工艺

低氟（无氟）精炼渣生产试验的基本方案是在不影响正常生产的情况下，对原有生产工艺进行简单调整。经过对原工艺分析，确定出钢和精炼时不加萤石，在精炼喂铝线以后添加改质剂代替原工艺中的精炼剂即可。为确定合适的改质剂加入量，选择 100kg/炉、80kg/炉、60kg/炉三种不同加入量代替原工艺中的精炼剂进行试验，并将试验结果与原工艺条件下同期同班同钢种炉次数据进行对比。

5.2.2　低氟渣工业试验工艺参数

第一组无氟精炼渣试验钢种为 Q345C，在精炼过程中添加改质剂 100kg/炉，部分工艺参数见表 5-3。

表 5-3　添加改质剂 100kg/炉的试验工艺参数

钢种	炉前 SiAlBa/kg	炉前加石灰量/kg	LF 加石灰量/kg	LF 喂铝线量/m
Q345C	80	200	200	150
Q345C	80	200	200	104
Q345C	80	200	200	150
Q345C	80	200	200	100
Q345C	80	200	200	143

第二组无氟精炼渣试验钢种为 16MnR，在精炼过程中添加改质剂 80kg/炉，部分工艺参数见表 5-4。

表 5-4 添加改质剂 80kg/炉的试验工艺参数

钢种	炉前 SiAlBa /kg	炉前加石灰量 /kg	LF 加石灰量 /kg	LF 喂线量 /m	后期 Ca 线 /m
16MnR	80	200	150	100+20	100（SiCa 线）
16MnR	80	200	200	120+40	120（CaFe 线）
16MnR	80	200	150	100+80	100（CaFe 线）
16MnR	80	200	200	120+30	70（CaFe 线）
16MnR	80	200	150	100+0	90（CaFe 线）

第三组无氟精炼渣试验钢种为 Q235C，在精炼过程中添加改质剂 60kg/炉，部分工艺参数见表 5-5。

表 5-5 添加改质剂 60kg/炉的试验工艺参数

钢种	炉前 SiMnFe/kg	炉前 SiAlBa/kg	炉前加石灰量 /kg	LF 加石灰量 /kg	LF 喂线量 /m	后期 Ca 线 /m
16MnR	350	100	300	130	60+20	100(CaFe 线)
16MnR	340	100	300	130	65+20	140(CaFe 线)
16MnR	340	100	300	230	65+40	80(CaFe 线)
16MnR	380	100	300	130	65+40	80(CaFe 线)

5.3 工业生产试验结果及分析

对添加钢包渣改质剂的冶金效果主要从钢水溶解铝含量、精炼渣脱硫率、钢材磷含量、精炼渣中的全铁含量、精炼渣碱度等指标进行分析，同时收集了同期一个班组同钢种未用改质剂的生产数据，与使用改质剂后的冶炼效果进行对比。

5.3.1 含氟和低氟精炼渣全铁含量及碱度对比

精炼中全铁含量可以反映渣的氧化性，因为全铁含量越高，以 FeO 形式存在铁量就越多，此外，全铁含量还影响铁的收得率，而脱硫、脱氧过程与渣的碱度密切相关，所以应重视含氟和低氟精炼渣的全铁含量及碱度指标。表 5-6 给出了三组低氟试验精炼终点渣成分。

对表 5-6 的全铁含量和碱度进行统计，见表 5-7。可见前两组试验渣中全铁含量明显降低，而后一组则有所升高；碱度则是前两组试验有所升高，而第三组试验降低，这主要与出钢过程中预脱氧剂加入量和种类有关。以上说明用本书研究的改质剂代替原工艺所用预熔渣更有利于全铁含量的降低，而对于炉渣碱度影响则不大。

表 5-6 低氟精炼终渣成分（质量分数） %

组分	SiO_2	CaO	MgO	Al_2O_3	TFe
加改质剂 100kg/炉	12.49	55.22	5.28	20.80	0.52
	15.11	48.85	6.64	22.40	1.24
	16.33	44.34	6.05	25.63	1.97
	15.33	50.56	4.85	23.05	0.69
	13.75	50.30	5.97	24.81	0.59
加改质剂 80kg/炉	13.50	53.20	6.30	22.90	0.65
	14.10	58.24	4.90	20.60	0.29
	14.20	56.56	5.00	21.20	0.50
加改质剂 60kg/炉	18.46	42.48	6.59	18.46	1.06
	18.08	49.99	5.98	20.54	1.03

表 5-7 三组试验终渣全铁和碱度对比

加入量	工艺过程	全铁含量（质量分数）/%		全铁含量降低率/%	碱度
		范围	平均		
100kg/炉	低氟工艺	0.52~1.97	1.002	22.6	3.47
	含氟工艺	—	1.295		—
80kg/炉	低氟工艺	0.29~0.65	0.48	52	4.02
	含氟工艺	0.5~2.52	1.0		3.29
60kg/炉	低氟工艺	1.03~1.06	1.045	-1.46	2.53
	含氟工艺	1.03	1.03		2.82

5.3.2 含氟和低氟精炼渣对溶解铝的影响

表 5-8 给出了三组低氟试验渣和原含氟渣工艺生产中钢的酸溶铝含量，可以看出，每炉钢加 100kg 改质剂形成低氟渣后，钢中酸溶铝含量平均为 0.040%，比原含氟渣工艺钢中酸溶铝含量提高了一倍以上，而且铝含量比较稳定。每炉钢加 80kg 改质剂形成低氟渣后部分炉次酸溶铝含量较原含氟渣工艺低，但最高铝含量与原工艺相当。对于每炉钢加 60kg 改质剂形成低氟渣后的试验，其酸溶铝含量明显低于原含氟渣工艺，其原因在于原工艺喂铝丝 110m 左右，而低氟工艺降低为 80m 左右，所以铝含量有所降低。如果按 2m 铝丝增加钢中铝含量 0.001%计算，可以发现加 60kg 改质剂的低氟工艺如果喂丝 110m，酸溶铝含量则高于原含氟工艺。

图 5-2 给出了改质剂加入量、喂铝丝总量和钢中酸溶铝含量间的关系。可以发现 LF 精炼过程中喂入铝丝量越大，钢中铝含量越高，在喂丝量相当的情况

下，改质剂加入量越多则钢中铝含量越高，这说明改质剂的加入可以提高喂入铝丝中铝的收得率，使钢中增加少量的铝。

表 5-8 含氟渣与低氟渣精炼工艺钢中铝含量对比

渣系			低氟精炼渣	含氟精炼渣	低氟精炼渣	含氟精炼渣	低氟精炼渣	含氟精炼渣
钢种			Q345C	Q345C	16MnR	16MnR	Q235C	Q235C
改制剂加入量/kg			100	—	80	—	60	—
炉次	1	铝含量（质量分数）/%	0.048	0.013	0.018	0.022	0.013	0.022
	2		0.033	0.014	0.029	0.029	0.010	0.018
	3		0.048	0.017	0.019	0.027	0.017	0.025
	4		0.029	0.020	0.023		0.015	
	5		0.041	0.008	0.019			

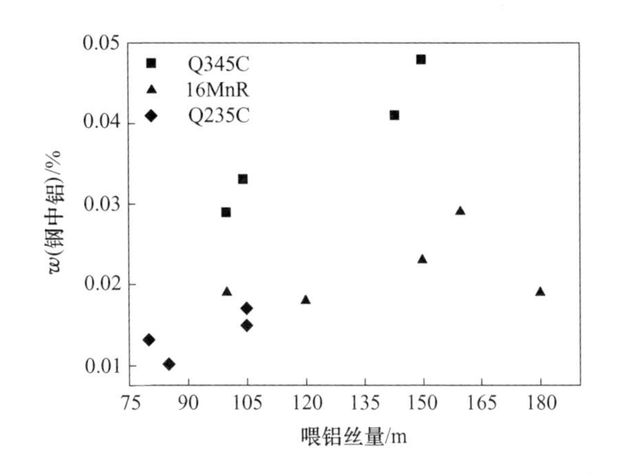

图 5-2 钢中铝含量与改质剂加入量和喂铝丝总量的关系

5.3.3 含氟和低氟精炼渣对脱硫的影响

表 5-9 给出了三组低氟渣工艺试验和原含氟渣工艺生产钢中终点硫含量，显示改质剂加入 100kg/炉和 80kg/炉形成低氟精炼渣后脱硫率提高，而加入 60kg/炉形成低氟精炼渣精炼后则有所降低。影响脱硫的因素主要是渣的碱度和氧化性两个方面，改质剂加入 60kg/炉的试验转炉出钢时添加的预脱氧剂为 350kg 的 SiMnFe 和 100kg 的 SiAlFe，而其他两组试验预脱氧加入了 80kg 的 SiAlBa，虽然出钢前多加了 100kg CaO，但精炼终点 LF 渣碱度降低；第三组试验钢中铝含量也相对降低，所以改质剂加入量为 60kg/炉的试验脱硫率较低。

表 5-9 改质工艺与原工艺钢中硫含量对比

渣　系			低氟精炼渣	含氟精炼渣	低氟精炼渣	含氟精炼渣	低氟精炼渣	含氟精炼渣
钢　种			Q345C	Q345C	16MnR	16MnR	Q235C	Q235C
改质剂加入量/kg			100	—	80	—	60	—
炉次	1	硫含量（质量分数）/%	0.006	0.013	0.008	0.013	0.015	0.008
	2		0.009	0.008	0.008	0.011	0.012	0.006
	3		0.007	0.007	0.007	0.011	0.008	0.011
	4		0.010	0.007	0.005		0.010	
	5		0.005	0.011	0.011			
平均（质量分数）/%			0.0074	0.0092	0.0078	0.012	0.011	0.0083

图 5-3 显示了精炼终点硫含量与炉渣碱度及改质剂加入量之间的关系。可见碱度越高终点硫含量越低，但在碱度相同时，改质剂加入量越多则精炼终点硫含量越低，说明改质剂的加入可以通过增加钢中铝含量来降低体系的氧势，从而有利于脱硫。

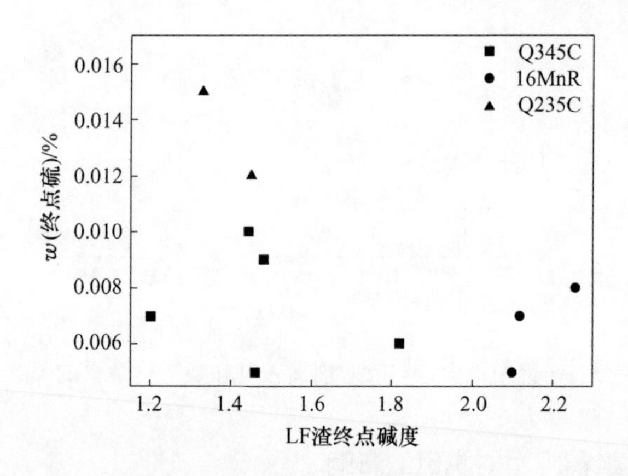

图 5-3 精炼终点硫含量与炉渣碱度和改质剂加入量的关系

5.3.4 含氟与低氟精炼渣对回磷的影响

由于脱磷需要强氧化性气氛，转炉已能比较容易地将磷脱到一个较低的水平，但转炉出钢时下渣在所难免，而 LF 精炼时需要制造强还原性气氛，所以精炼期间应严格控制回磷，防止磷超标。表 5-10 给出了三组试验和原生产工艺钢中终点磷含量。

表 5-10 低氟与含氟精炼工艺钢中磷含量对比

渣系			低氟精炼渣	含氟精炼渣	低氟精炼渣	含氟精炼渣	低氟精炼渣	含氟精炼渣
钢种			Q345C	Q345C	16MnR	16MnR	Q235C	Q235C
改质剂加入量/kg			100	0	80	0	60	0
炉次	1	磷含量(质量分数)/%	0.017	0.018	0.012	0.017	0.019	0.029
	2		0.016	0.017	0.011	0.021	0.026	0.023
	3		0.016	0.021	0.013	0.014	0.033	0.030
	4		0.017	0.016	0.015		0.022	
	5		0.015	0.015	0.015			
平均(质量分数)/%			0.016	0.017	0.013	0.017	0.025	0.027

由表 5-10 可以看出，通过加入改质剂形成低氟精炼渣虽然提高了钢中铝含量，降低了渣的氧化性，但并没有明显的回磷，而是相对原来生产工艺略有降低。图 5-4 示出了终点磷含量与终渣碱度及改质剂加入量之间的关系，可见改质剂加入后可以有效地控制精炼过程的回磷。

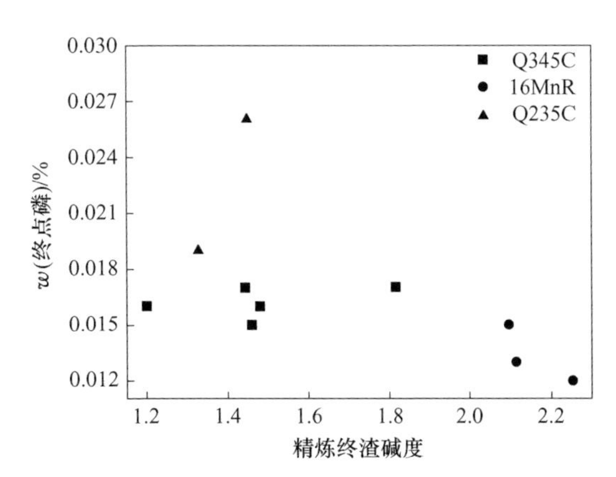

图 5-4 终点磷含量与终渣碱度及改质剂加入量的关系

5.3.5 低氟与含氟精炼渣对回硅的影响

高铝钢由于铝含量较高，铝的还原性大于硅，所以生产高铝钢的一个重要问题就是回硅问题，造成硅超标，特别对于高铝低硅钢更是如此。对高铝钢来说回硅存在两种可能：一是精炼过程回硅；二是连铸过程回硅。精炼过程可以采取提高碱度降低渣中 SiO_2 活度的办法来减少回硅，而连铸过程保护渣碱度只有 1.2 左右，其中 SiO_2 活度较高，所以会有一定的回硅量。

对于加入 100kg/炉改质剂形成低氟精炼渣的 5 个试验，其硅含量在精炼和成品钢中硅含量变化情况见图 5-5a。其中试样 1 为到达精炼位钢中硅含量，试样 4 为成品钢中硅含量，可见从精炼到连铸过程都有回硅发生，回硅量为 0.08%~0.11%，平均回硅 0.09%。经分析发现，从精炼终点到成品回硅量最大，说明在浇注过程中，包括在钢包内和结晶器内有大量回硅反应发生。

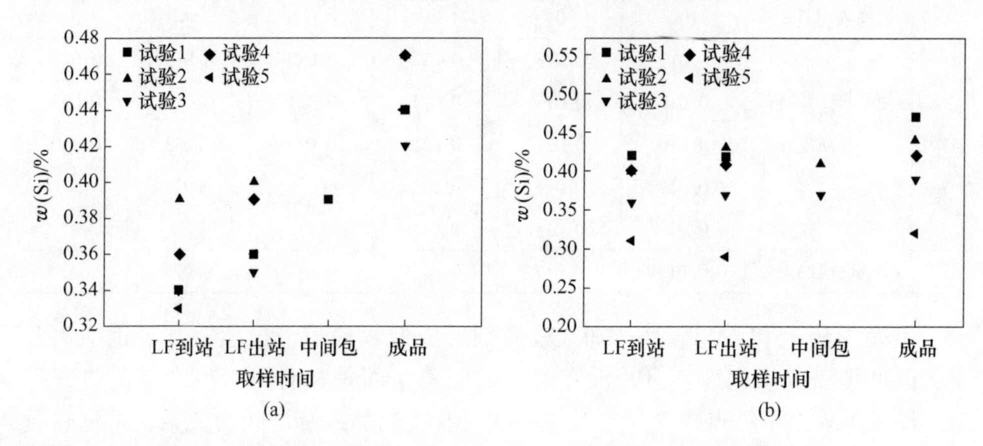

图 5-5 加改质剂 100kg/炉和 80kg/炉低氟精炼试验钢中硅含量变化

（a）加改质剂 100kg/炉；（b）加改质剂 80kg/炉

对于每炉加入改质剂 80kg 和 60kg 形成低氟精炼渣的试验，过程硅含量变化分别见图 5-5b 和表 5-11。可见加 60kg/炉改质剂从精炼到连铸过程基本不回硅，而加 80kg/炉改质剂则有少量回硅，回硅量为 0.01%~0.05%，平均回硅 0.03%，而且回硅量最大的过程也在浇注阶段。

表 5-11 加改质剂 60kg/炉低氟精炼试验钢中硅含量变化

炉号	2- 4606		1- 4853		1- 4855		1- 4857	
取样时间	LF 到站	成品	LF 到站	成品	LF 到站	成品	LF 到站	成品
硅含量/%	0.21	0.20	0.26	0.26	0.17	0.19	0.12	0.13

5.4 改质剂特点及经济与环境效益

5.4.1 改质剂特点

总结以上实验结果可以发现，本改质剂有以下特点：

（1）在改质剂使用过程中不需要增加其他辅助设备，方法简单，有利于保持各工序的连续性。本书实验中改质工艺选择在原工序不变的情况下进行，用改质剂代替原精炼工艺中的精炼剂，避免了对生产工序的大规模调整，从而保证了生产的顺利进行。

（2）在满足原工序连续性的同时，改质剂具有化渣速度快，能迅速形成白渣的优点，能满足 LF 精炼对精炼剂的要求，节约了精炼时间，减少了电耗。

（3）与原精炼剂相比能迅速降低顶渣中 FeO 含量，从而大幅度降低了顶渣的氧化性，改善精炼条件。

（4）精炼时添加该改质剂可以提高铝的收得率，减少铝的用量，并能稳定精炼末期钢种铝含量。

（5）该改质剂能够提高精炼期间脱硫效率，并能抑制回磷。

（6）该改质剂使用过程有一定的回硅，但当加入量为 80kg/炉时回硅量较小，仅 0.03%。

5.4.2 经济效益

一般铝基改质剂在使用过程中普遍存在的问题是成本偏高，因为改质剂中的原料铝价格较高，当前市场价格为 20120～20220 元/t。按改质剂中含铝 15%计算，仅此一项每吨改质剂就需 3018 元，加上其他原料和加工费用，每吨改质剂需要 4000 元左右，这在很大程度上制约着改质工艺的经济性。针对这一现状，本书研究改变了传统的研究思路，选择生产铝锭的铝渣或电解 Al_2O_3 的下脚料作为改质剂的原料，经初步加工就可以达到改质剂的要求。废料的市场价格为 800～1000 元/t，因此每吨改质剂可节约 3000 元左右，具有可观的经济效益。

5.4.3 环境效应

在改质剂的开发过程中，选择生产铝锭的铝渣或电解 Al_2O_3 的下脚料作为改质剂的原料充分体现了废物回收，循环利用的原则。废料中含有一定量的铝，但大部分是 Al_2O_3，由于其中的铝很难被提取，因此废料的价值有限，用作改质剂时，其中的铝被重新利用，发挥了潜在的价值，同时也解决了废料的处理问题，减轻了环境负担。

改质剂生产中不用纯铝，节约了电解这部分铝需要的电能，从而减少了因煤燃烧产生的气体污染物排放量，同时也减少了电解铝过程产生的各种污染。

生产中使用改质剂在精炼过程可以实现低氟（无氟）精炼，可以减轻精炼过程和精炼渣后续使用过程中氟的排放，从而减轻对空气和水资源的污染。

可以看出使用本改质剂实现了资源循环利用，对环境是友好的。

5.5 低氟精炼渣系冶金效果验证

表 5-12 给出了 10 个低氟钢包精炼实验终点渣组成，可见改质剂加入量为 80kg/炉的低氟精炼渣组成与前面基础实验确定的无氟渣组成范围基本一致，即 CaO 52～58%、SiO_2 14～18%、Al_2O_3 16～22%、MgO 8%、B_2O_3 0～4%；改质剂加入量为 100kg/炉的低氟精炼渣实验终点渣组成也与基础实验确定的最佳渣系

范围接近，仅个别成分有微小偏差，而改质剂加入量为60kg/炉的低氟精炼渣终点渣成分与此范围偏差较大。

表 5-12 低氟渣实验精炼终点渣成分（质量分数） %

组 分	SiO_2	CaO	MgO	Al_2O_3	TFe
加改质剂100kg/炉	12.49	55.22	5.28	20.80	0.52
	15.11	48.85	6.64	22.40	1.24
	16.33	44.34	6.05	25.63	1.97
	15.33	50.56	4.85	23.05	0.69
	13.75	50.30	5.97	24.81	0.59
加改质剂80kg/炉	13.50	53.20	6.30	22.90	0.65
	14.10	58.24	4.90	20.60	0.29
	14.20	56.56	5.00	21.20	0.50
加改质剂60kg/炉	18.46	42.48	6.59	18.46	1.06
	18.08	49.99	5.98	20.54	1.03

图5-6给出了三组实验的酸溶铝、终点硫含量、终点磷含量和回硅量四个精

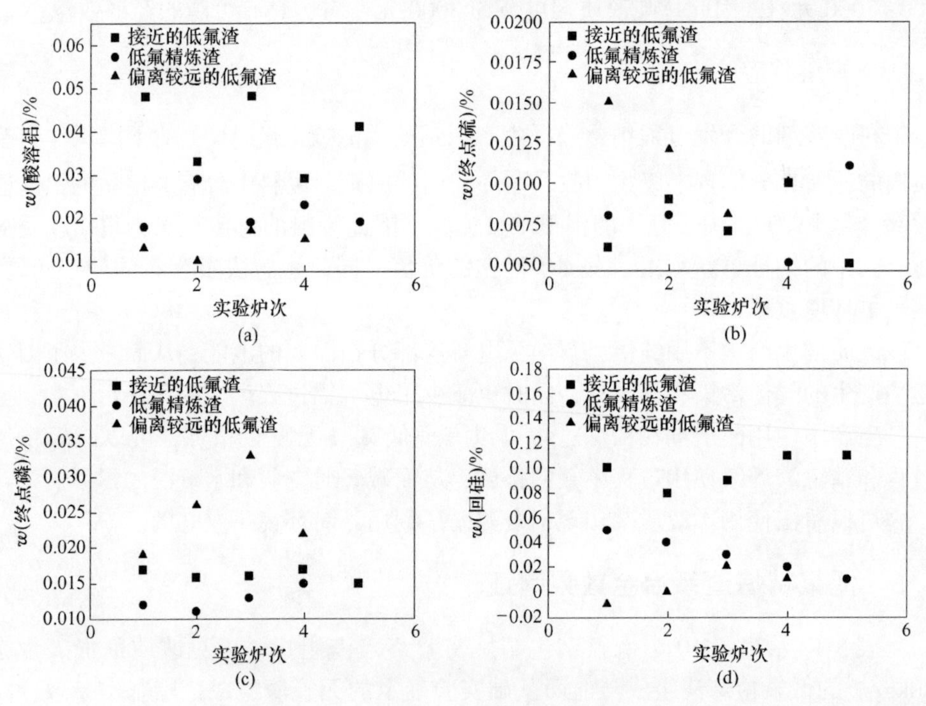

图 5-6 低氟精炼渣组成精炼结果的影响

(a) [Al]s；(b) [S]；(c) [P]；(d) [Si]

炼指标的对比情况。终渣成分在基础实验得出的低氟渣系范围内的实验点除了酸溶铝含量偏低以外，终点硫含量、终点磷含量和回硅量其他指标都较低，其中酸溶铝含量在 0.018% ~ 0.029% 之间，远高于厂内控成分酸溶铝含铝量大于 0.008%的要求，并且酸溶铝含量稳定，波动较小，得到了较好的冶炼效果。对于终渣成分与基础实验得出的低氟渣系接近的实验点来说，其回硅量和终点磷含量偏高，而终点硫含量、终点铝含量与基础实验低氟渣系的实验结果相一致。终渣成分与基础实验得出的低氟渣系相差较远的实验点除基本不回硅以外，其余三项指标都较差，精炼效果不理想。

通过与基础实验研究对比，发现工业试验结果与基础实验研究结果相一致。由以上分析看出，实验确定的无氟精炼渣系取得了较好的冶金效果，说明其在生产中切实可用。

5.6 本章小结

根据基础研究得出了最佳低氟精炼渣组成，开发了一种用于含铝钢生产的改质剂，该改质剂可以将精炼渣成分调节到基础实验得出的低氟精炼渣组成范围内，并成功应用于济南钢厂的生产实践，验证了基础研究结果的正确性，试验得出下列结论：

（1）根据基础研究开发的改质剂有利于提高铝的收得率，稳定钢中铝含量，并有利于提高精炼脱硫率和减少回磷；添加该改质剂有回硅的趋势，但回硅量不大，并能够降低渣中全铁含量，满足生产要求。

（2）该改质剂为废物综合利用，对环境友好，经济效益可观，有利于降低含铝钢的生产成本。

（3）本章生产试验中部分炉次钢包顶渣成分与基础研究中确定的无氟钢包精炼渣接近，取得了很好的精炼效果，证明该渣系在生产中切实可用。

6 新型低氟（无氟）连铸结晶器保护渣理化性能研究

传统连铸结晶器保护渣中氟含量一般控制在7% ~10%，能够满足连铸工艺要求[110]，但含氟渣在熔化过程中释放的氟会对环境造成极大的污染，溶于冷却水中的氟对连铸设备产生严重的腐蚀，因此，必须寻找氟的替代熔剂代替保护渣中的氟，以达到与含氟渣相当的冶金效果。本章主要研究氟的替代熔剂 B_2O_3、BaO 对低氟（无氟）渣熔化性能、黏度、结晶性能等的影响规律，以开发与含氟渣物理化学性能相当的低氟（无氟）结晶器保护渣。

6.1 B_2O_3对低氟结晶器保护渣理化性能的影响

6.1.1 原料条件

以工业水泥熟料和玻璃为基本原料，采用 QM-SB 行星式球磨机分别将其研磨至220网目以下，以便充分混匀。工业水泥熟料和玻璃的化学成分见表6-1，通过调整两者配比，将结晶器保护渣碱度（CaO/SiO_2）调整为0.9，在此基础上，再用分析纯化学试剂进行成分微调，其中 Li_2O 用 Li_2CO_3代替，碱金属氧化物用 Na_2CO_3代替，CaF_2 含量调至4%（即氟含量为1.9%），炭粉（石墨2/3，炭黑1/3）作熔速调节剂，配制 B_2O_3含量为0~8%的保护渣试样（表6-2）。

表6-1 工业水泥熟料及玻璃的化学成分（质量分数） %

样品	SiO_2	CaO	Al_2O_3	K_2O	Na_2O	Fe_2O_3	B_2O_3
工业水泥	19.14	61.70	6.19	0.520	0.168	3.99	—
玻璃	67.44	9.90	—	—	8.72	—	<0.005

表6-2 低氟保护渣试样的化学成分（质量分数） %

渣号	CaO	SiO_2	Al_2O_3	MgO	R_2O	Fe_2O_3	炭粉	Li_2O	CaF_2	B_2O_3
0	29.53	32.81	2.59	2.82	11.28	1.67	4.7	2	4	0
1	28.90	32.11	2.54	2.76	11.04	1.64	4.6	2	4	2
2	28.27	31.41	2.48	2.70	10.80	1.60	4.5	2	4	4
3	27.64	30.71	2.43	2.64	10.56	1.57	4.4	2	4	6
4	27.01	30.01	2.37	2.58	10.32	1.53	4.3	2	4	8
范围	27~30	30~33	2~3	2~3	10~12	1~2	4~5	2	4	0~8

6.1.2 实验仪器及测定方法

熔化特性的测定选用 GX Ⅲ型高温物性测试仪，它由机械结构（照明部分、炉体、送料车及摄像部分）和电器系统（控温装置和计算机）两部分组成，采用半球法测定熔点，实验装置见图 6-1。将保护渣试样做成 ϕ3mm×3mm 圆柱体，以 10℃/min 的速度升温，当试样高度降为原高度的 1/2 且呈半球状时，记录此时的温度即为该渣的半球点温度（熔化温度）；将试样从开始熔化直到自由流动所经历的时间，定义为熔速；测温范围 0~1550℃；测温精度±0. 3%。

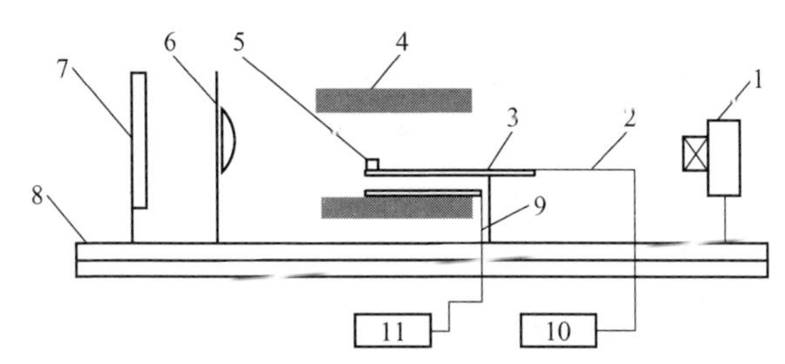

图 6-1 保护渣熔化温度测定装置示意图

1—光源；2—测温热电偶；3—试样支架；4—炉体；5—试样；
6—透镜；7—成像屏；8—轨道；9—控温热电偶；10—测温装置；11—控温装置

黏度及表面张力的测定选用东北大学研制的 RTW 熔体物性综合测定仪。采用旋转柱体法测定 1300℃下的熔渣黏度，钼质测头的旋转速度为 300r/min，石墨坩埚的规格（mm）：$\phi_{外径}$ 52（$\phi_{内径}$ 40）×80，每次装入样品约 150g，保证熔渣层高度为 40mm；采用拉筒法测定 1500℃下的熔渣表面张力。

析晶温度的测定选用 SHTT-Ⅱ 型熔化结晶温度测定仪。测试温度范围：550~1500℃；加热（测温）元件：B 型热电偶；升降温速度：0. 1~50℃/s；控温精度：升温±2℃，恒温±1℃。

6.1.3 低氟渣系理化性能测定结果

所配制低氟渣系的理化性能指标见表 6-3。

表 6-3 低氟保护渣理化性能指标

渣号	$w(B_2O_3)$/%	熔点/℃	熔速/s	1300℃黏度 /Pa·s	析晶温度 /℃	1500℃表面张力 /N·m^{-1}
0	0	1009	18	0. 28	1260	0. 22
1	2	996	17	0. 24	1250	0. 12
2	4	981	13	0. 26	1240	0. 13
3	6	961	13	0. 20	1230	0. 22
4	8	928	19	0. 20	1172	0. 27

6.1.4 低氟渣熔化特性

结晶器保护渣的熔点应低于坯壳温度，结晶器下口铸坯温度约为1250℃，因此，保护渣熔点通常为1100～1200℃[111]。所研究低氟渣系熔点在920～1010℃，能够保证结晶器内液态渣膜的充分润滑。低氟渣系不添加B_2O_3时，熔点仍能保持在1009℃，主要是因为在CaO-SiO_2-Al_2O_3三元渣系的伪硅灰石区基础上，添加的Na_2O、MgO、Li_2O、CaF_2等助熔剂共同作用的结果。B_2O_3对低氟渣熔点的影响见图6-2，由图可以发现随着B_2O_3含量的增加，低氟渣熔点逐渐降低，B_2O_3含量在0～8%时，平均每增加1%的B_2O_3，保护渣熔点降低10℃。这主要是因为B_2O_3熔点很低（450℃），在保护渣熔化过程中与CaO、MgO、Al_2O_3、Na_2O之间形成$CaO \cdot B_2O_3$（熔点低于1150℃）、$MgO \cdot B_2O_3$（熔点988℃）等低熔点化合物。B_2O_3在熔渣中以网络形式存在，不仅可降低保护渣的熔点，还使物质结构松散，抑制高熔点物质析出，促进保护渣的玻璃化，增强保护渣的润滑性能，同时，也可提高Al_2O_3在渣中的饱和浓度[9]，增强保护渣吸收Al_2O_3夹杂的能力。

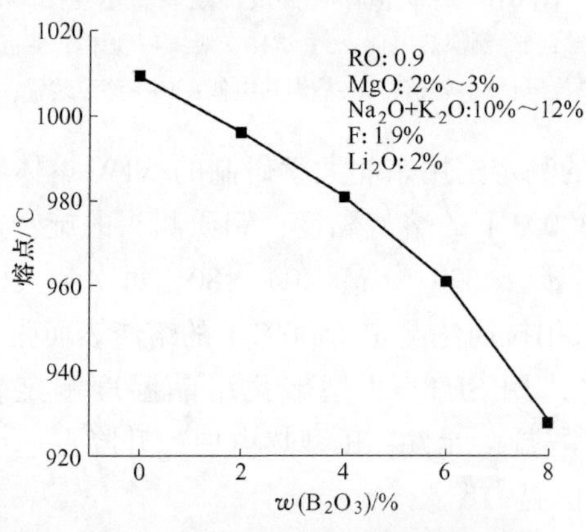

图6-2 B_2O_3对低氟渣熔点的影响

保护渣的熔速决定了钢液面上形成液渣层的厚度及保护渣的消耗量。熔速过快，粉渣层不易保持，影响保温，液渣会结壳，很可能造成铸坯夹杂；熔速过慢，液渣层过薄。熔速过快或过慢都会导致液渣层的薄厚不均匀，影响铸坯坯壳生长的均匀性。主要用碳质材料来调节保护渣的熔速，常用的碳质材料有两种：炭黑和石墨。炭黑的分散度较大，着火点较低，在较低温度下可充分发挥隔离基料粒子的作用；而石墨着火点较高，在高温下作为骨架粒子较为适宜。利用二者的优点，采用混合配碳法能有效地控制保护渣的熔融特性。本书实验中石墨与炭黑按2∶1的比例配入，此低氟渣系熔速控制在13～19s，能够保证有足够的液渣填充到铸坯和结晶器之间。

6.1.5　低氟渣黏度

液渣黏度过大或过小都会造成坯壳表面渣膜的厚薄不均匀，润滑传热不良，由此导致铸坯产生裂纹[112]。实验测得不含 Li_2O、CaF_2 这两种成分的无氟渣1300℃黏度为0.5Pa·s，而在此基础上又测得添加了 Li_2O(2%)、CaF_2(4%)的低氟渣1300℃黏度为0.28Pa·s(见表6-3)，可见，Li_2O 和 CaF_2 在降低结晶器保护渣黏度方面起了重要作用。所研究的低氟渣系1300℃黏度值在0.2~0.3Pa·s，符合连铸工艺要求，B_2O_3 在0~6%范围内变动时，随着渣中 B_2O_3 含量的增加，保护渣黏度有下降趋势，平均每增加1%的 B_2O_3，低氟渣黏度降低0.01Pa·s，但 B_2O_3 含量超过6%以后，对保护渣黏度影响就不大了。

6.1.6　低氟渣析晶温度

低氟渣系的析晶温度在1170~1260℃，析晶温度较高，原因是该渣系含有 CaF_2，可促使高熔点的枪晶石（$3CaO\cdot2SiO_2\cdot CaF_2$）从液渣中析出，此外，碱金属氧化物（$Na_2O+K_2O$）含量较高（10%~12%)，可促进高熔点物质霞石（$Na_2O\cdot Al_2O_3\cdot2SiO_2$）析出。但该渣系随着 B_2O_3 含量的增加，析晶温度呈现下降趋势，B_2O_3 含量每升高1%，析晶温度平均下降11℃（图6-3)。B_2O_3 造成析晶温度下降的原因：（1）B_2O_3 能够大幅度降低保护渣的熔点，相当于在相同浇注温度下提高了保护渣的过热度，熔渣内离子的能量提高，晶格重组困难，从而使得结晶相的析出受到抑制，促进保护渣的玻璃化倾向；（2）B_2O_3 和 SiO_2 一样，是典型的网络形成体，与其他氧化物在凝固时参与和争夺析出晶体所必需的离子最佳配位，削弱了可能析出晶体中金属阳离子和阴离子（团）之间的作用力，提高了熔渣的玻璃化率；（3）随着熔渣玻璃化率的增加，析晶温度降低[113]。

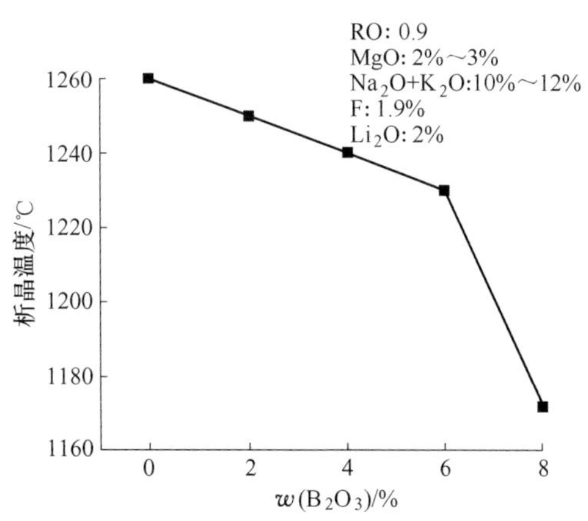

图6-3　B_2O_3 对低氟渣析晶温度的影响

6.1.7　低氟熔渣表面张力 $\sigma_{渣-气}$

熔渣表面张力（$\sigma_{渣-气}$）及钢-渣界面张力（$\sigma_{钢-渣}$）的大小对结晶器内钢渣的分离、夹杂物的吸收和渣膜的厚度等都有不同程度的影响，结晶器内钢液与熔渣界面的受力情况见图 6-4。

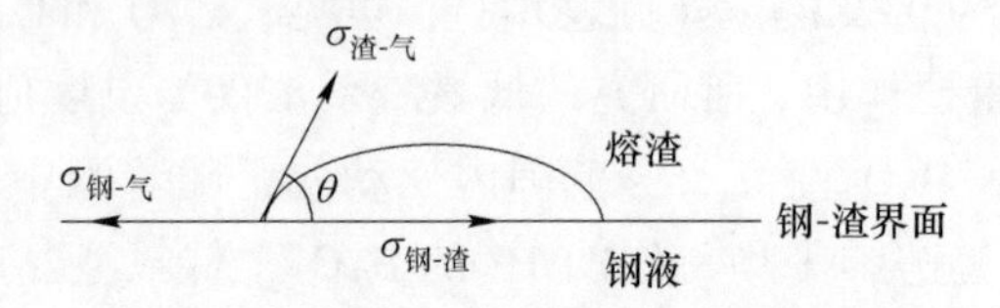

图 6-4　钢液与熔渣界面受力平衡图

根据受力平衡，列关系式：

$$\sigma_{钢-气} = \sigma_{渣-气}\cos\theta + \sigma_{钢-渣} \tag{6-1}$$

故

$$\sigma_{钢-渣} = \sigma_{钢-气} - \sigma_{渣-气}\cos\theta \tag{6-2}$$

钢液与熔渣间润湿角 θ 一般在 0°~90°，则 $\cos\theta \geqslant 0$，由上式可知：熔渣表面张力（$\sigma_{渣-气}$）越小，则钢-渣界面张力（$\sigma_{钢-渣}$）越大，故降低熔渣表面张力，可以增大钢-渣界面张力，有利于连铸过程中结晶器内钢渣分离，也有利于夹杂物从钢液中上浮排除。一般要求连铸结晶器保护渣表面张力不大于 0.35N/m[111]，所研究低氟渣系表面张力在 0.1~0.3N/m 范围内变化（见表 6-3），符合连铸工艺对保护渣表面张力的要求。尤其 B_2O_3 含量为 2%~4%时，表面张力较低，仅 0.12~0.13N/m，有利于结晶器内钢液中夹杂物的上浮排除，得到洁净铸坯。

6.1.8　低氟渣系的理化性能

以工业水泥熟料和玻璃为基本原料，配入一定量的 MgO、Na_2O、B_2O_3、Li_2O 作助熔剂，配制低氟渣系：CaO 27%~30%、SiO_2 30%~33%、Al_2O_3 2%~3%、MgO 2%~3%、R_2O（碱金属氧化物）10%~12%、Fe_2O_3 1%~2%、炭粉 4%~5%、Li_2O 2%、CaF_2 4%、B_2O_3 0~8%。该渣系具有较低的熔点（920~1010℃），适宜的熔速（13~19s）和适宜的黏度（0.2~0.3Pa·s），能够保证有足够的液渣填充到铸坯坯壳和结晶器壁之间，进行充分地润滑。本渣系析晶温度较高，在 1170~1260℃范围内，可析出枪晶石、霞石等高熔点矿物以控制结晶器的传热，表面张力为 0.1~0.3N/m，符合连铸工艺对吸收夹杂，净化钢液的要求，且渣中氟含量很低，仅 1.9%，减少了对环境的污染及对铸机设备的腐蚀。因此，低氟渣可取代传统的结晶器保护渣而应用到工业生产中去。

6.2　BaO 对无氟结晶器保护渣熔化及结晶性能的影响

在设计无氟环保新型保护渣的组成时，通常将 B_2O_3、Li_2O 作为氟的替代熔剂来降低保护渣的黏度、熔化温度及改善保护渣的玻璃性能[114-116]。但我国Li_2O资源匮乏，价格高，大量用于连铸保护渣中是很不经济的。王谦、迟景灏等[117]认为从保护渣玻璃性角度寻找保护渣中Li_2O的代用物BaO是可行的，但对BaO在保护渣中所起的作用未做深入研究。

因此，本节采用$CaO\text{-}SiO_2\text{-}MgO\text{-}Al_2O_3\text{-}Na_2O\text{-}B_2O_3\text{-}Li_2O$无氟渣系，配入一定含量的石墨和炭黑作熔速调节剂，制成实验保护渣试样，研究BaO含量对保护渣熔化和结晶性能的影响规律。由于无氟渣存在不能析出枪晶石从而不能控制结晶器传热的问题，故选择具有较低熔化温度和较低结晶温度的实验保护渣，研究其结晶矿相，为设计无氟高速连铸结晶器保护渣提供理论依据。

6.2.1 无氟结晶器保护渣组成及配制

实验用无氟结晶器保护渣成分是在充分研究国内外高速连铸保护渣，并进行了一系列探索性实验的基础上配制而成的，其基本化学成分见表6-4。

表6-4 实验用连铸保护渣的化学成分 %

碱度	MgO	Al_2O_3	Na_2O	B_2O_3	Li_2O	BaO	C
0.9	3~5	1~2	8	3~4	2	2、4、6、8	2~4

实验在表6-4无氟保护渣成分的基础上加入不同含量的BaO，测定BaO对保护渣熔化、结晶性能的影响规律，并在此基础上，选择具有较低熔点、较低结晶温度的实验保护渣，在1400℃下熔化，然后随炉冷却至室温，研究凝固渣样的结晶矿相。

实验保护渣采用分析纯化学试剂配制而成，其中Na_2O用Na_2CO_3代替，Li_2O用Li_2CO_3代替，BaO用$BaCO_3$代替，将配制好的保护渣进行充分研磨，并用200网目的筛子筛分（粒度<0.074mm），各种试剂在配制前均进行了烘烤。实验渣配制的碳质材料仍为石墨和炭黑，其中石墨占碳质材料配入量的2/3，炭黑占碳质材料配入量的1/3。

6.2.2 熔化温度和结晶温度的测定方法

保护渣熔化温度T_m的测定方法同6.1.2节，而结晶温度采用差热分析方法测定，差热分析（DTA）是在温度程序控制下，测量物质的温度T_S和参比物的温度T_r之差和温度关系的一种技术。当试样发生任何物理或化学变化时，所释放或吸收的热量使试样温度高于或低于参比物的温度，从而相应地在差热曲线上可得到放热或吸热峰。

本书实验使用德国NETZSCHSTA449C型差热分析仪测定液渣冷却过程中矿物的结晶温度T_c，DTA测量装置见图6-5。试样以10℃/min的加热速度升温到

1400℃，然后保温10min，再以10℃/min的速度降温至600℃。实验过程为氩气气氛。

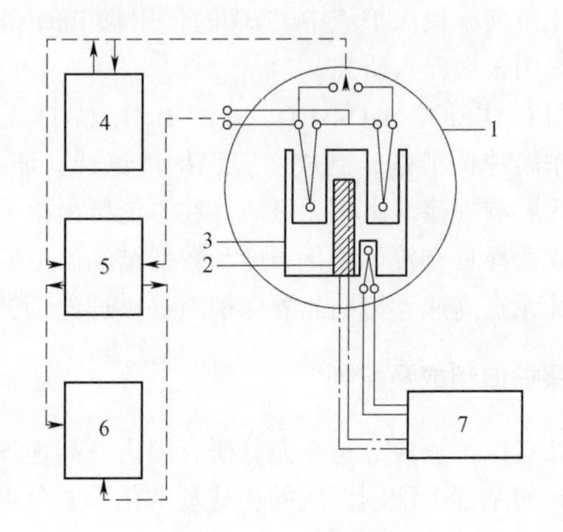

图6-5 DTA仪简图

1—测量系统；2—加热系统；3—均热块；4—信号放大器；
5—量程的控制仪；6—记录仪；7—温度程序控制仪

6.2.3 BaO对无氟渣熔化性能及结晶性能的影响

图6-6示出了BaO含量对无氟渣熔化温度及结晶温度的影响规律。由图可见随着BaO含量的增加，无氟保护渣的熔化温度明显降低，结晶温度也有所下降，但不甚明显。BaO的质量分数在2%~8%范围内变化时，渣的熔化温度从1053℃下降到1011℃，平均每增加1%的BaO，该无氟渣系熔化温度降低7℃，而结晶温度仅降低1℃。分析BaO降低保护渣熔化温度的原因，可能是因为BaO与渣中其他组元形成了低熔点化合物。

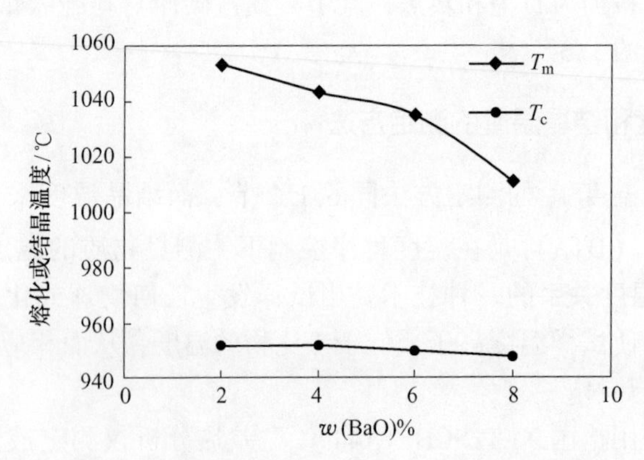

图6-6 BaO含量对无氟渣熔化温度（T_m）及结晶温度（T_c）的影响

虽然 BaO 降低保护渣熔化温度的作用远不及 Li_2O，渣中 Li_2O 含量每增加 1%，熔化温度降低约 60℃[117,118]，但 Li_2O 资源缺乏，价格昂贵，不宜大量加入，且在渣中含量大于 3%~4%时，会使结晶温度上升，结晶率增大[119]，不利于高速连铸，故可在渣中加入少量 Li_2O（质量分数小于 3%）的基础上，再加入一定量的 BaO，进一步降低保护渣的熔化温度，使结晶温度稍有降低，而且在 $w(CaO)/w(SiO_2)$一定时，随 BaO 的增加，熔渣黏度下降[120]，故可满足高速连铸保护渣低熔点、低结晶温度、低黏度的要求。

对于不同钢种，一般薄板坯连铸结晶器保护渣的熔化温度目标值在 950~1120℃范围内，浇注裂纹敏感性弱的钢种（如低碳铝镇静钢）时，要求保护渣在 950℃以上处于非晶态[121]。该无氟渣系中 BaO 含量为 6%时，熔化温度为 1034℃，结晶温度为 950℃，故该实验渣满足裂纹敏感性弱的钢种高速连铸的要求。

6.2.4 无氟渣结晶矿相

连铸工艺产生的氟主要来源于连铸保护渣，氟的存在除涉及地球环境问题外还对连铸机设备也有不良影响，连铸工艺采用无氟技术是必要的。但是由于结晶器对凝固坯壳吸热控制时不可避免地需要使用枪晶石，结晶器保护渣无氟问题一直没有得到真正解决，因此，有必要深入研究无氟渣的结晶矿相。

选取 BaO 含量为 6%的实验渣进行结晶矿相分析。BaO 含量为 6%的无氟渣试样在高温下充分熔化后，随炉冷却，因冷却相当缓慢，故结晶充分，晶粒粗大，几乎用肉眼可观察到，冷却渣样呈白色岩石相。图 6-7 是冷却渣样在岩相偏光显微镜下放大 80 倍后的显微照片，晶粒呈钉齿构造，为镁黄长石的典型构造，并结合析出矿物的折射率为 1.633 可判断结晶矿相中含有镁黄长石（$Ca_2MgSi_2O_7$）。

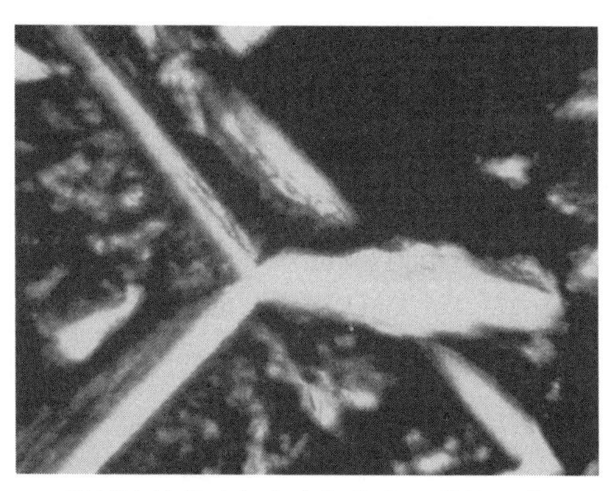

图 6-7 无氟渣结晶矿相在岩相偏光显微镜下的照片×80

图 6-8 是无氟渣冷却矿相的 X 射线衍射图，参照国际粉末衍射标准卡片（ASTM 卡）发现，其峰值与铝黄长石（$Ca_2Al_2SiO_7$）和钠黄长石（$NaCaAlSi_2O_7$）的峰值基本吻合，对照 ASTM 卡还可以肯定不存在硅灰石（$CaO \cdot SiO_2$）、霞石（$Na_2O \cdot Al_2O_3 \cdot 2SiO_2$）等，故可判断该无氟渣析晶矿相中含有铝黄长石和钠黄长石。

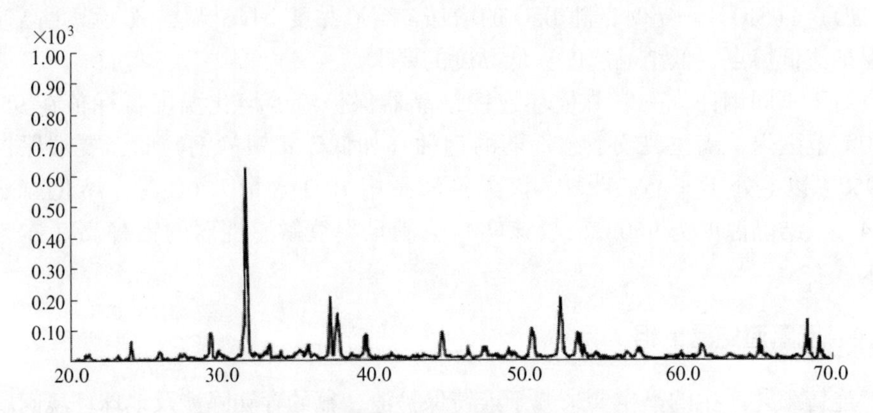

图 6-8 无氟渣冷却矿相 X 射线衍射图

黄长石可分为铝黄长石（$Ca_2Al_2SiO_7$）、镁黄长石（$Ca_2MgSi_2O_7$），二者性质极为相似，可形成连续固溶体，其中一部分 Ca 可被 Na 代替，形成钠黄长石（$NaCaAlSi_2O_7$）。根据岩相显微镜和 X 射线衍射分析结果，可以断定无氟渣的结晶矿相为黄长石，实际上是以铝黄长石（$Ca_2Al_2SiO_7$）、镁黄长石（$Ca_2MgSi_2O_7$）和钠黄长石（$NaCaAlSi_2O_7$）的固溶体的状态存在。

铝黄长石（$Ca_2Al_2SiO_7$）与镁黄长石（$Ca_2MgSi_2O_7$）虽然性质极其相似，难以区分，但两者唯一不同的是折射率。铝黄长石（$Ca_2Al_2SiO_7$）的折射率比镁黄长石高，两者可形成连续固溶体，统称黄长石。固溶体中铝黄长石与镁黄长石质量分数不同，则黄长石呈现的折射率也就不同，见表 6-5。由此可以大致估算无氟渣结晶矿相中铝黄长石与镁黄长石的质量分数。

表 6-5 黄长石固溶体中镁黄长石与铝黄长石的质量分数与其折射率的对应关系

镁黄长石（质量分数）/%	100	90	75	56	50	40	20	0
铝黄长石（质量分数）/%	0	10	25	44	50	60	80	100
折射率 n	1.632	1.637	1.643	1.649	1.653	1.657	1.664	1.669

根据表 6-5，由无氟渣析出矿物黄长石的折射率 1.633 可以判断，该黄长石固溶体中镁黄长石质量分数超过 90%，几乎接近 100%，其余为少量的铝黄长石和钠黄长石。

由以上分析可知，无氟渣在冷凝过程中虽然不能析出枪晶石，但可析出熔点较高且导热性稍高于枪晶石的黄长石。通过调整渣膜中黄长石的析晶率，可控制穿过结晶器的热流，从而解决无氟渣冷凝过程中因不能析出枪晶石而无法控制结晶器与凝固坯壳间传热的问题。

6.3 含氟渣与无氟渣黏熔特性及控制传热性能的对比

本节将 B_2O_3作为结晶器保护渣中氟化物的替代熔剂，对比研究含氟及无氟渣系中 CaF_2及 B_2O_3对保护渣熔化性温度、黏度、结晶温度等物理性能及渣膜控制传热特性的影响规律，同时确定了一种与含氟渣物理性能及传热特性接近的无氟渣成分。

6.3.1 实验

保护渣试样采用纯化学试剂配制而成，具体化学成分配比及物理性能见表6-6，其中 Na_2O 由 Na_2CO_3代替，Li_2O 由 Li_2CO_3代替，各种试剂粒度均控制在200网目以下，以便于充分混匀。各渣样黏度及熔化性温度通过熔渣综合物性测定仪测定，结晶温度采用德国耐驰生产的STA449C型综合热分析仪测定，通过自制的结晶器模拟装置（图6-9），模拟结晶器中渣膜的形成过程，制得固态渣膜，并通过下式获得不同时刻渣膜的热流密度。

$$Q = \frac{\rho \times c \times q \times \Delta t \times 10^3}{S} \tag{6-3}$$

式中，Q 为热流密度，J/(m^2 · s)；ρ 为水的密度，g/cm^3；c 为水的比热容，J/(kg · ℃)；q 为冷却水流量，cm^3/s；Δt 为冷却水进出水温差，℃；S 为冷却面积，mm^2。

表 6-6 含氟渣与无氟渣的化学组成及物理性能

种类	渣号	化学组成（质量分数）/%								R	熔化性温度/℃	$\eta_{1300℃}$/Pa · s
		CaO	SiO_2	Al_2O_3	MgO	Na_2O	CaF_2	Li_2O	B_2O_3			
含氟渣	1	35.5	38.5	12	3	5	6	0	0	0.92	1249	0.78
	2	34.5	37.5	12	3	5	8	0	0	0.92	1245	0.62
	3	33.5	36.5	12	3	5	10	0	0	0.92	1240	0.47
	4	31.1	33.9	12	3	5	15	0	0	0.92	1165	0.29
无氟渣	5	34.5	37.5	4	5	15	0	2	2	0.92	1167	0.13
	6	33.5	36.5	4	5	15	0	2	4	0.92	1133	0.14
	7	35.5	39.5	4	5	8	0	2	6	0.90	1185	0.55

图6-10所示为各渣样的黏度-温度曲线，图6-11所示为各渣样1300℃下的黏度，图6-12所示为各渣样的熔化性温度。

图 6-9　自制结晶器模拟装置

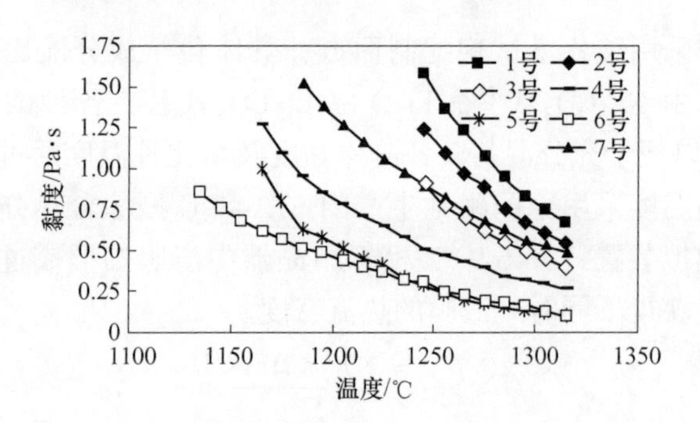

图 6-10　各渣样的黏度-温度曲线

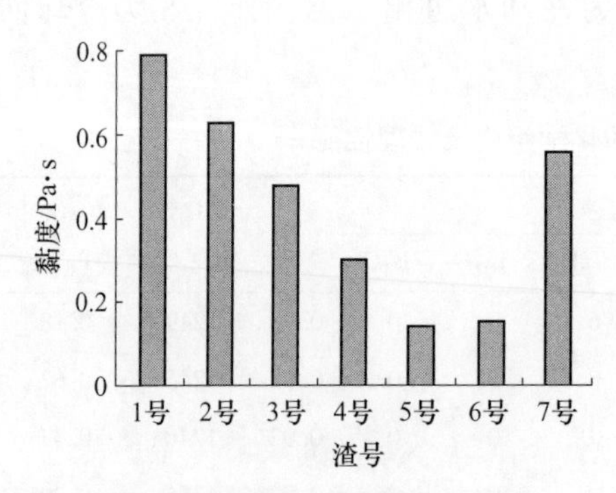

图 6-11　1300℃下各渣样的黏度

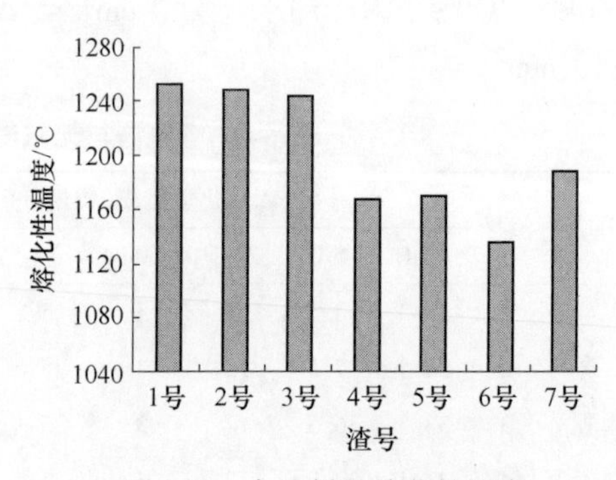

图 6-12　各渣样的熔化性温度

6.3.2　含氟渣和无氟渣黏度及熔化性温度对比

由图 6-10 可以看出，随着温度升高，各渣样黏度均降低。对于含氟渣系，从表 6-6 及图 6-11、图 6-12 可以看出，随着渣中 CaF_2 含量的增加，黏度下降，熔化性温度下降。当 CaF_2 含量在 6%～10%范围内变动时，每增加 1%的 CaF_2，黏度平均降低 0.08Pa·s，熔化性温度平均降低 2.5℃；当 CaF_2 含量在 10%～15%范围内变动时，每增加 1%的 CaF_2，黏度平均降低 0.04Pa·s，熔化性温度平均降低 15℃。也就是说，渣中 CaF_2 含量超过 10%以后，CaF_2 对熔渣黏度的降低作用明显减弱，而对熔化性温度的降低作用明显增强。

对于无氟渣系，以 B_2O_3、Li_2O 等助熔剂代替 CaF_2，其中 5 号和 6 号渣样 Na_2O 含量较高，均为 15%。比较 5 号、6 号渣样的黏度及熔化性温度（图 6-11 和图 6-12），随着渣中 B_2O_3 含量的增加，熔化性温度下降，而黏度变化不大，稳定在较低的黏度水平（0.13～0.14Pa·s），这是因为 B_2O_3 的熔点很低（<600℃），能够促进低熔点矿物和含硼玻璃相生成。无氟渣中含 Li_2O 和 Na_2O，尤其是 Na_2O（含量高达 15%）对降低黏度起着主导作用，7 号无氟渣中 Na_2O 降至 8%，即使 B_2O_3 含量比 6 号渣增加了 2%，但熔渣黏度明显上升（从 0.13～0.14Pa·s 上升至 0.55Pa·s），也说明了这一点。渣中 Li_2O 和 Na_2O 已将熔渣黏度降到较低水平，在此基础上改变渣中 B_2O_3 含量，表现为黏度变化不大。

由于 5 号和 6 号无氟渣黏度均比含氟渣低，而 7 号无氟渣的黏度及熔化性温度与 4 号含氟渣接近，因此将 4 号含氟渣和 7 号无氟渣作为结晶及传热性能研究的主要对象。

6.3.3 含氟渣和无氟渣结晶性能对比

将渣样升温至 1350℃，保温 20min，使渣样完全熔化，然后以 10℃/min 的速率降温至 600℃，将降温过程中 DSC 曲线上出现的第一个放热峰峰值温度定义为熔渣的开始结晶温度。4 号含氟渣样和 7 号无氟渣样的 DSC 曲线如图 6-13 所示。从 1350℃至 600℃降温过程中，4 号渣样的 DSC 曲线在 1236℃出现微小的放热峰，而 7 号渣样的 DSC 曲线未出现明显放热峰，说明二者均不易析晶。由自

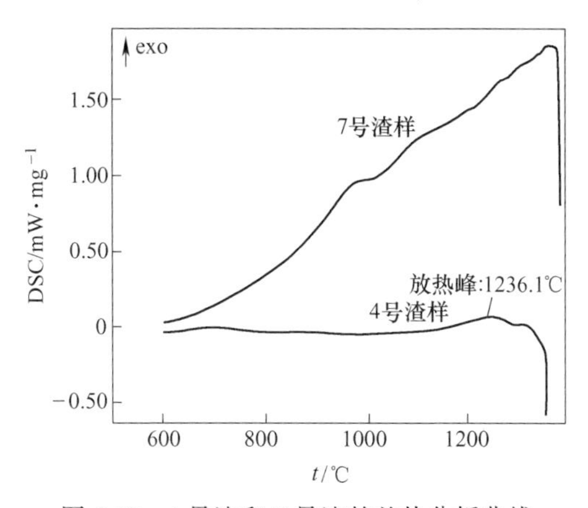

图 6-13 4 号渣和 7 号渣的差热分析曲线

制的结晶器模拟装置得到的渣膜为黑色玻璃，也可以证明这一点。也就是说，含B_2O_3保护渣能增加熔渣玻璃态倾向。分析其原因[124]：

（1）由于B_2O_3能够大幅度降低保护渣的熔点，相当于在同样的浇注温度下保护渣的过热度提高，熔渣内离子的能量提高，晶格的重组困难，从而使得结晶相的析出受到抑制，宏观上表现为保护渣的结晶温度降低，在DSC曲线上没有出现明显放热峰。

（2）B_2O_3和SiO_2一样，是典型的网络形成体，其含量的增加有助于熔渣冷凝时形成玻璃体，与其他氧化物在凝固时参与和争夺析出晶体所必需的离子最佳配位，削弱了可能析出晶体中金属阳离子和阴离子（团）之间的作用力，提高了熔渣的玻璃化率。

大量研究表明，CaF_2的加入会引起枪晶石等高熔点物质析出，从而破坏熔渣的玻璃性、恶化润滑条件。在同时含有Na_2O和CaF_2的保护渣中，Na_2O通过调整渣的黏度、软化温度、熔化温度和流动温度，可缩短枪晶石的生成时间，提高结晶速度[119]。但在本书研究中，由于冷却速度过快，4号渣样的DSC曲线仅有微小的放热峰，大量晶体来不及析出而呈玻璃态渣膜，此结果与以往研究并不矛盾。

6.3.4　含氟渣和无氟渣对结晶器热流的控制

结晶器壁与凝固坯壳之间的传热受浇注参数、固态和液态渣膜的热特性和物理特性、气隙、渣的热膨胀系数等因素影响[123]，且主要取决于渣膜的结构。4号含氟渣样和7号无氟渣样在降温过程中均未有晶体析出，均呈玻璃态，而且二者具有相近的黏度、熔化性温度等物理性能，随模拟结晶器装置浸入渣液时间的延长，在前10s内，7号无氟渣比4号含氟渣传热较缓慢，浸入时间超过10s以后，两者对结晶器热流的控制能力基本相同，见图6-14。

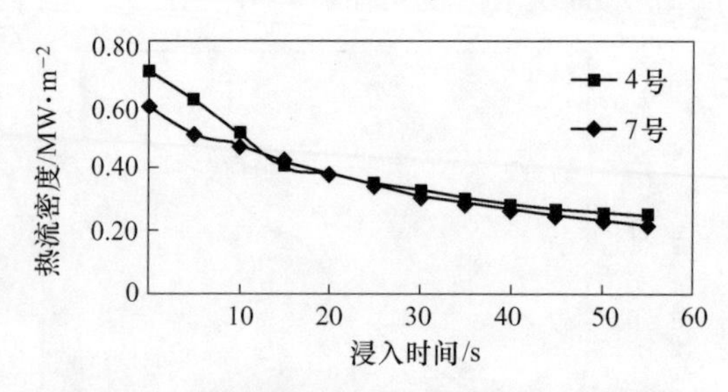

图6-14　4号含氟渣和7号无氟渣的热流密度

6.3.5　含氟渣与无氟渣性能及控制传热情况总结

碱度为0.92，Na_2O含量为5%，CaF_2含量为15%的含氟结晶器保护渣（化学组成：31.1%CaO，33.9%SiO_2，12%Al_2O_3，3%MgO，5%Na_2O，15%CaF_2）

与碱度为0.90，Na_2O含量为8%，B_2O_3含量为6%的无氟结晶器保护渣（化学组成：35.5% CaO，39.5% SiO_2，4% Al_2O_3，5% MgO，8% Na_2O，2% Li_2O，6% B_2O_3）具有相近的黏度及熔化性温度。虽然Na_2O和CaF_2均能促进结晶器保护渣析出晶体，但在本书实验渣碱度为0.92条件下，由于冷却速度快，4号含氟渣的DSC曲线只出现了微小的放热峰，7号无氟渣的DSC曲线未出现放热峰，两者均呈玻璃态渣膜，没有晶体析出；4号含氟渣和7号无氟渣在控制结晶器热流方面具有相近的作用效果。

6.4 本章小结

本章配制了氟含量为1.9%的低氟保护渣系，对该渣系的熔点、黏度、析晶温度、表面张力等理化性能进行了实验研究，并研究了无氟渣系中BaO对保护渣熔化温度及结晶温度的影响规律；将B_2O_3作为保护渣中氟化物的替代熔剂，对比研究了含氟及无氟渣系中CaF_2及B_2O_3对保护渣熔化性温度、黏度、结晶温度等物理性能及渣膜控制传热特性的影响规律，同时确定了一种与含氟渣物理性能及传热特性接近的无氟渣成分。主要得出以下结论：

（1）低氟渣系熔点为920~1010℃，B_2O_3含量在0~8%变化时，平均每增加1%的B_2O_3，保护渣熔点降低10℃；Li_2O和CaF_2在降低保护渣黏度方面起了重要作用，B_2O_3含量低于6%时，随着B_2O_3含量的增加，保护渣黏度有下降趋势，但B_2O_3含量超过6%以后，对保护渣黏度影响就不大了；该低氟渣系的析晶温度较高，为1170~1260℃，B_2O_3含量每升高1%，析晶温度平均下降11℃；该低氟渣系表面张力为0.1~0.3N/m，符合连铸工艺对保护渣表面张力的要求，尤其B_2O_3含量为2%~4%时，表面张力较低，有利于结晶器内钢液中夹杂物的上浮排除，得到洁净铸坯。

（2）随着BaO含量的增加，保护渣熔化温度明显降低，结晶温度也有下降趋势，但不甚明显，平均每增加1%的BaO，无氟渣系熔化温度降低7℃，而结晶温度仅降低1℃；BaO含量为6%的实验渣，熔化温度1034℃，结晶温度950℃，满足裂纹敏感性弱的钢种高速连铸的要求；无氟实验渣的结晶矿相主要为镁黄长石，可取代传统含氟渣的析出矿物枪晶石。通过调整渣膜中黄长石的析晶率，可控制结晶器与坯壳间的传热，从而解决无氟渣冷凝过程中因不能析出枪晶石而无法控制传热的问题。

（3）碱度为0.92，化学成分组成为31.1% CaO，33.9% SiO_2，12% Al_2O_3，3%MgO，5%Na_2O，15%CaF_2含氟结晶器保护渣与碱度为0.90，化学成分组成为35.5%CaO，39.5%SiO_2，4%Al_2O_3，5%MgO，8%Na_2O，2%Li_2O，6%B_2O_3无氟结晶器保护渣具有相近的黏度及熔化性能，且在控制结晶器热流方面具有相近的作用效果。

7 无氟结晶器保护渣渣膜传热控制研究

开发替代污染环境、侵蚀设备的传统含氟渣系——连铸无氟保护渣，是保护渣的发展方向。向结晶器无氟渣中加入氟的替代熔剂，可以获得与含氟渣相当的熔化和黏度特性，但在浇注中碳钢、包晶钢等裂纹敏感性钢种时，发现结晶器拔热量较有氟保护渣增加了10%~20%，使得铸坯产生大量表面纵裂纹[125]。由于无氟保护渣无法析出枪晶石（$3CaO \cdot 2SiO_2 \cdot CaF_2$），对结晶器与凝固坯壳的传热控制不稳定，为满足析晶和控制传热的要求，重庆大学曾采用以钙铝黄长石和硅钙石为主晶相的析晶路线，但这类矿相析出温度高，铸坯在结晶器内发生黏结和漏钢的概率增加，故连铸保护渣的无氟问题一直没有得到有效解决。开发无氟保护渣的关键是解决结晶器传热控制问题，结晶器壁和凝固坯壳间的渣膜直接影响铸坯的润滑与传热，因此，研究渣膜的传热是解决结晶器传热控制问题的关键。目前，对于保护渣的传热控制问题，国内外虽进行了初步的研究，但大多集中在含氟渣领域，而对于无氟渣渣膜的传热控制机理还没有形成清楚的、统一的认识，只有对连铸过程中无氟保护渣渣膜的传热控制机理有了深入的了解，才能彻底解决连铸保护渣的无氟问题，推广无氟渣的使用，并且有助于控制钢液的凝固成型过程，从而提高连铸机的生产效率，并为改进铸坯质量、生产出无缺陷的铸坯打下坚实的基础。

本章主要对无氟渣结晶器固态渣膜的形成过程及控制传热问题、碱度对渣膜传热及结晶行为的影响规律进行研究，以探明无氟渣控制结晶器传热的主要影响因素，为解决无氟保护渣无法准确控制传热问题提供了基础信息和理论依据。

7.1 结晶器固态渣膜形成过程及传热研究

在连铸结晶器中，保护渣熔化后渗入结晶器壁与凝固坯壳之间的空隙形成液态和固态渣膜，液态渣膜控制着铸坯的润滑，而固态渣膜则控制着传往结晶器的热流，在很大程度上影响着连铸坯的表面质量。然而关于固态渣膜形成过程的研究报道并不多见，本节通过自制的模拟铜结晶器实验装置，模拟结晶器固态渣膜的形成过程，研究无氟渣渣膜形成过程中渣膜状态及热流密度的变化，并利用扫描电镜、X射线衍射仪研究渣膜的微观结构及结晶矿物，分析渣膜传热的影响因素。

7.1.1 实验内容及方法

采用6.3.1节中的模拟铜结晶器实验装置，通过测定进、出水温差确定渣膜形成过程中不同时刻的热流密度，并获得研究条件下的结晶器壁渣膜。模拟铜结晶器冷却面积为3560mm^2，冷却水流量为1000mL/min。

研究碱度分别为0.9和1.4的两种无氟渣固态渣膜形成过程中热流密度的变化，获取了浸入时间分别为5s、10s、15s、20s、30s、40s、50s、60s的结晶器壁渣膜，以便了解固态渣膜形成过程中的结晶行为；并采用扫描电镜、X射线衍射等分析方法研究无氟渣固态渣膜形成过程中的结晶矿物组成与渣膜结构的变化，并进一步分析影响固态渣膜传热的因素。

渣样采用纯化学试剂配制而成，其中Na_2O、Li_2O分别用Na_2CO_3、Li_2CO_3代替。每个渣样质量为240g，熔融渣液温度为1400℃。实验渣的化学组成及结晶温度见表7-1，结晶温度采用差热分析方法确定，开始结晶温度为高温渣液冷却过程中开始析出晶体时的温度；峰值结晶温度为从高温液渣中大量析出晶体时的温度。

表7-1 实验渣化学组成及结晶温度

渣号	R	化学组成/%							结晶温度/℃	
		CaO	SiO_2	Al_2O_3	MgO	Na_2O	Li_2O	B_2O_3	开始	峰值
1号	0.9	35.5	39.5	4	5	8	2	6	924	868
2号	1.4	43.7	31.3	4	5	8	2	6	1382	1355

7.1.2 固态渣膜形成过程中厚度的变化

碱度为0.9的1号无氟渣固态渣膜形成过程中均呈玻璃态，为玻璃质渣膜；而碱度为1.4的2号无氟渣在冷却过程中以白色结晶质渣膜为主，在靠近结晶器壁处存在一薄层玻璃。固态渣膜形成过程中厚度的变化情况见图7-1。由图可以看出，随着模拟铜结晶器实验装置浸入渣液时间的延长，结晶器壁渣膜呈逐渐增厚的趋势，但结晶质渣膜的成长速度比玻璃质渣膜要快得多，浸入渣液20s后，渣液已全部凝固，这是因为2号无氟渣的开始结晶温度（1382℃）及晶体大量析出的温度（1355℃）比1号无氟渣的开始结晶温度（924℃）及晶体大量析出的温度（868℃）高得多。随着渣液的热量被冷却水带走和向周围环境中辐射，渣液温度逐渐降低，浸入时间大约为20s时，2号无氟渣就降到其结晶温度而全部结晶，由液态变为固态；而1号无氟渣在浸入时间达60s时，固态渣膜厚度为4.8~7.0mm，渣液还未降到其结晶温度而保持液态，从而使渣膜能够保持良好的润滑性能。

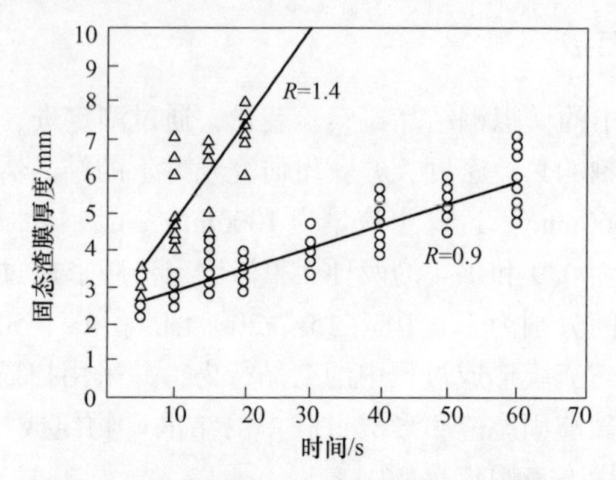

图 7-1 固态渣膜生长过程中厚度变化情况

7.1.3 固态渣膜形成过程中结晶矿相分析

为了探明无氟渣固态渣膜形成过程中结晶矿物种类是否发生变化，对碱度 1.4 的实验渣浸入时间分别为 10s 和 60s 所获得的固态渣膜进行了 X 射线衍射分析，其结果见图 7-2。由图可知，浸入时间分别为 10s 和 60s 固态渣膜的结晶矿物组成均为硅硼酸钙，分子式为 $Ca_{11}Si_4B_2O_{22}$（即 $11CaO \cdot 4SiO_2 \cdot B_2O_3$），表明固态渣膜成长过程中结晶矿物种类并未发生变化，这与文献［128］中的结论相一致。

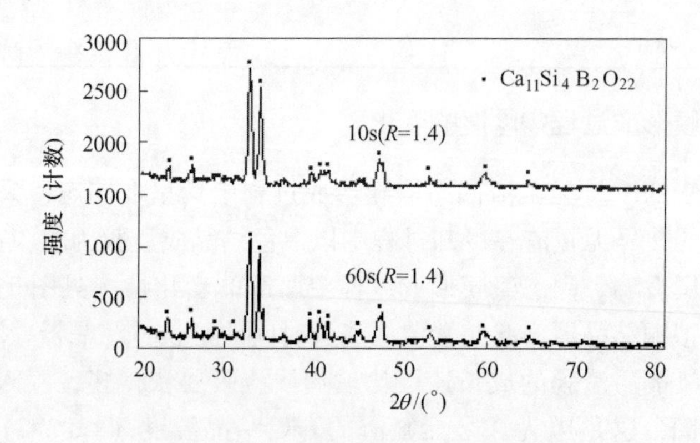

图 7-2 固态渣膜 X 射线衍射图

7.1.4 固态渣膜形成过程中热流密度变化

固态渣膜形成过程中进、出水温度的测定结果见表 7-2。根据进、出水温差分别计算不同时刻穿过 1 号和 2 号无氟渣固态渣膜的热流密度（图 7-3），以便了解固态渣膜形成过程中热流密度的变化情况。

表 7-2 固态渣膜形成过程中进、出水温度

渣号	进水温度/℃	出水温度/℃											
		0s	5s	10s	15s	20s	25s	30s	35s	40s	45s	50s	55s
1 号	13.0	43.3	38.7	36.8	34.3	32.5	30.8	28.7	27.7	26.6	25.7	25.0	24.1
2 号	13.3	47.9	43.7	40.6	37.1	34.6	32.1	30.9	29.3	28.3	27.6	27.0	26.3

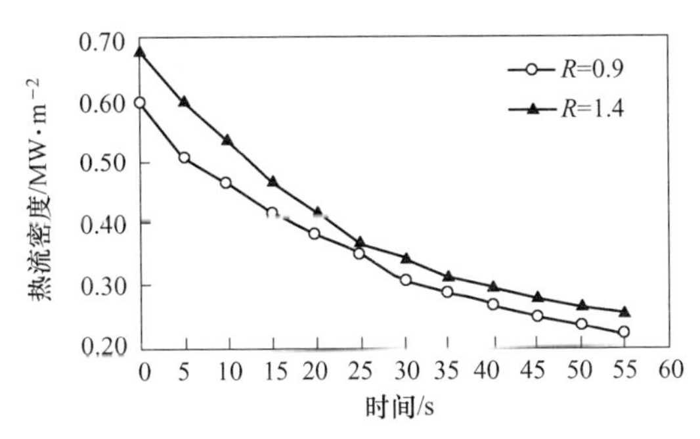

图 7-3 碱度 0.9 与碱度 1.4 固态渣膜传热比较

由图 7-3 可以看出，随着模拟铜结晶器实验装置浸入渣液时间的延长，穿过固态渣膜的热流密度呈下降趋势，尤其在浸入渣液 25s 内，热流密度的下降趋势更为显著。分析其原因，一方面渣膜成长过程中厚度逐渐增加，固态渣膜热阻逐渐增大；另一方面渣液热量逐渐被冷却水带走和辐射到周围环境中，固态渣膜两侧温差逐渐减小，传热驱动力逐渐下降；此外，浸入时间超过 25s 以后，由于固态渣膜冷却收缩，结晶器壁与固态渣膜之间开始形成较稳定的气隙[126]。由于以上几方面原因，致使固态渣膜成长过程中热流密度逐渐降低。

7.1.5 影响固态渣膜传热因素分析

固态渣膜一般由玻璃相和结晶相构成，二者比例因保护渣化学组成及冷却速率的不同而存在差异。一般研究认为，提高固态渣膜结晶率可降低传往结晶器的热流，使凝固坯壳得到缓慢冷却[127~132]。但本书实验中穿过碱度为 0.9 的 1 号玻璃质渣膜的热流密度比碱度为 1.4 的 2 号晶体质渣膜要低，传热较缓慢（图 7-3)。为说明其原因，从以下三方面对影响固态渣膜传热的因素进行分析：

（1）当固态渣膜中存在气相时，由于气体的导热系数比任何固体都小，固态渣膜中的气孔会显著降低其热导率，气孔率越高，渣膜导热系数则越小。

（2）玻璃相本身的导热系数比晶体要低。玻璃属于非晶态物质，由于非晶质的结构无序，原子间撞击概率大，散射作用大，故与晶体相比，其导热系数较低。故结晶器壁固态渣膜中玻璃相所占的比例越大（即结晶率越低)，渣膜导热性越差。

（3）渣膜厚度对其控制传热有很大影响，由7.1.2节可知，晶体质渣膜的成长速度比玻璃质渣膜要快得多，在液渣渗入结晶器壁与凝固坯壳缝隙后较短时间内，晶体质渣膜厚度迅速增加，其导热热阻也迅速增加，使结晶器内弯月面下方凝固坯壳较薄处传往结晶器的热流大大降低，这也是通常认为在连铸过程中提高结晶率能有效控制渣膜传热的重要原因。

本书研究认为，渣膜传热是固态渣膜中的气孔、固态渣膜中玻璃相比例和渣膜厚度三方面因素综合作用的结果。观察浸入时间为60s时获得的两种固态渣膜在扫描电镜下放大500倍的显微照片（图7-4），发现碱度为0.9的1号玻璃态渣膜中弥散着许多大小不一的气孔，而碱度为1.4的晶体质渣膜则非常致密，不存在气孔。说明本书实验中（1）、（2）方面因素对渣膜传热的影响占主导地位，而（3）方面影响是次要的，总体表现为1号玻璃质渣膜比2号晶体质渣膜传热缓慢。

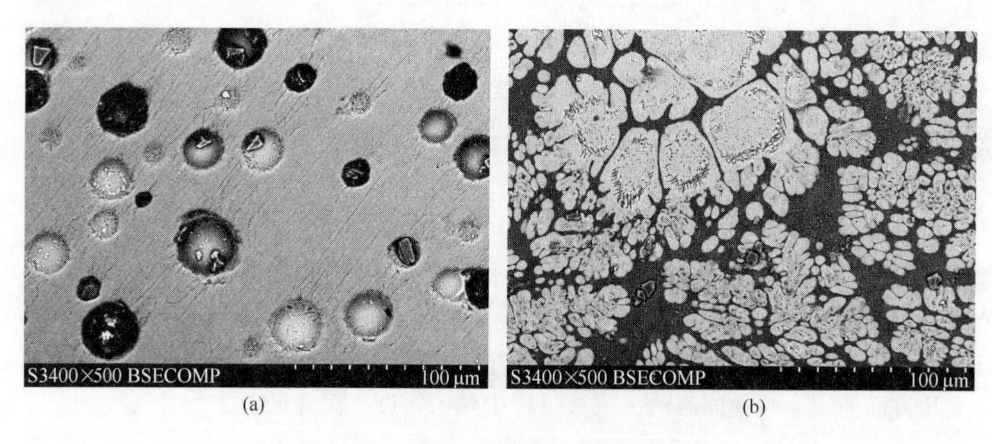

图7-4　固态渣膜横断面扫描电镜照片

（a）玻璃质渣膜（$R=0.9$）；（b）晶体质渣膜（$R=1.4$）

7.2　碱度对无氟渣渣膜传热及结晶行为的影响

无氟保护渣的传热特性以及它在结晶器内的热行为是无氟保护渣研发的关键，只有对连铸过程的无氟保护渣的传热特性以及它在结晶器内的热行为基本现象的系统了解，才有助于控制钢液的凝固成型过程，为改进连铸机的生产效率和铸坯质量打下基础[133]。连铸过程中铸坯的传热与固体渣膜的厚度、结晶性能及结晶矿相紧密相关[9]，而无氟渣的碱度是影响其凝固结晶性能的主要因素。因此，本节重点研究碱度对结晶器无氟保护渣渣膜传热、结晶性能及结晶矿相的影响规律，为解决无氟渣在连铸结晶器内控制传热问题提供基础信息和理论依据。

7.2.1 实验原料和方法

实验各渣样均采用纯化学试剂配制而成，碱度分别为0.9、1.1、1.3、1.4、1.5、1.7。选用的助熔剂为：MgO、Na_2O、B_2O_3、Li_2O，其中Na_2O和Li_2O分别用Na_2CO_3和Li_2CO_3代替，每个渣样质量为240g，各渣样化学组成见表7-3。

采用STA-449C综合热分析仪测定实验渣的结晶温度。采用自制的模拟铜结晶器实验装置，通过测定进、出水温差来计算不同时刻铜结晶器的热流密度，研究各实验渣控制传热的情况，同时获得实验条件下的固态渣膜。实验条件为：进水温度$t_0=13.0$℃，水的密度$\rho=1.0\text{g/cm}^3$，水的比热容$c=4.18\text{J/(kg}\cdot℃)$，冷却水流量$M=16.7\text{cm}^3/\text{s}$，冷却面积$S=3560\text{mm}^2$。结晶器出水温度为$t_1$，冷却水带走热量为$Q$，热流密度为$q$。热流密度计算公式为：$q=Q/S=M\times\rho\times c\times(t_1-t_0)\times10^6/(1000\times S)$。

对于获得的实验渣固态渣膜，通过测量渣膜总厚度与晶体层厚度来计算结晶率，计算公式为：析晶率=(晶体层厚度/渣膜总厚度)×100%。通过XRD来检测固态渣膜的结晶矿相。

表7-3 变碱度实验渣化学组成 %

渣号	CaO	SiO_2	Al_2O_3	MgO	Na_2O	Li_2O	B_2O_3	碱度R
1号	35.5	39.5	4	5	8	2	6	0.9
2号	39.3	35.7	4	5	8	2	6	1.1
3号	42.4	32.6	4	5	8	2	6	1.3
4号	43.7	31.3	4	5	8	2	6	1.4
5号	45.0	30.0	4	5	8	2	6	1.5
6号	47.2	27.8	4	5	8	2	6	1.7

7.2.2 碱度对热流密度的影响

将模拟铜结晶器实验装置浸入1400℃的各试样熔渣中，每隔5s记录一次出水温度，浸入时间为55s，经计算得出各渣样不同时刻的热流密度，见表7-4和图7-5。

由图7-5可知，在浸入渣液的各个时刻，尤其前30s内，碱度$R<1.3$时，随碱度增加，热流密度呈上升趋势；碱度为1.3时，热流密度达到峰值，传热最快；而$R>1.3$时，热流密度又逐渐下降，渣膜传热减慢，这可能与固态渣膜厚度、结晶状态等因素有关。随着浸入时间的延长，渣膜逐渐增厚，浸入渣液40s后，碱度对热流密度的影响已不明显了。

表 7-4 变碱度系列渣样不同时刻的热流密度情况

渣号	碱度	热流密度/MW · m^{-2}											
		0s	5s	10s	15s	20s	25s	30s	35s	40s	45s	50s	55s
1号	0.9	0.59	0.50	0.47	0.42	0.38	0.35	0.31	0.29	0.27	0.25	0.24	0.22
2号	1.1	0.60	0.50	0.42	0.37	0.34	0.30	0.28	0.27	0.25	0.24	0.23	0.22
3号	1.3	0.70	0.69	0.58	0.49	0.44	0.40	0.37	0.34	0.32	0.30	0.29	0.27
4号	1.4	0.68	0.60	0.53	0.47	0.42	0.37	0.34	0.31	0.29	0.28	0.27	0.25
5号	1.5	0.65	0.52	0.46	0.42	0.39	0.36	0.34	0.31	0.29	0.27	0.25	0.24
6号	1.7	0.49	0.46	0.41	0.38	0.35	0.33	0.31	0.30	0.28	0.27	0.26	0.24

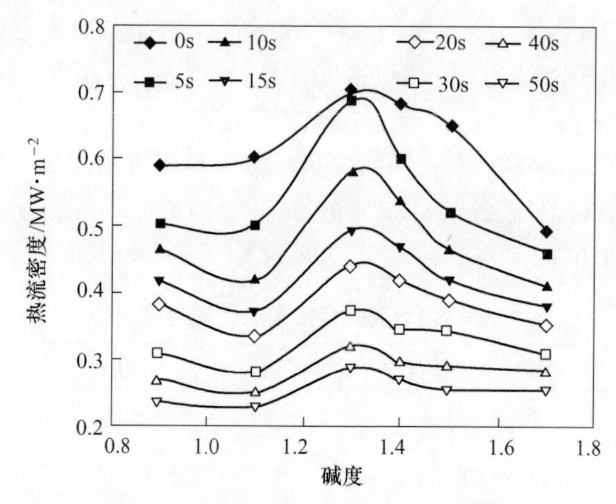

图 7-5 渣膜热流密度随碱度变化曲线

7.2.3 碱度对无氟渣结晶性能的影响

采用模拟铜结晶器实验装置获得的固态渣膜，其凝固状态分别见图 7-6a ~ e，各渣膜特征见表 7-5。渣膜厚度随碱度的变化曲线见图 7-7，渣膜结晶率随碱度的变化曲线见图 7-8，无氟渣结晶温度随碱度的变化曲线见图 7-9。

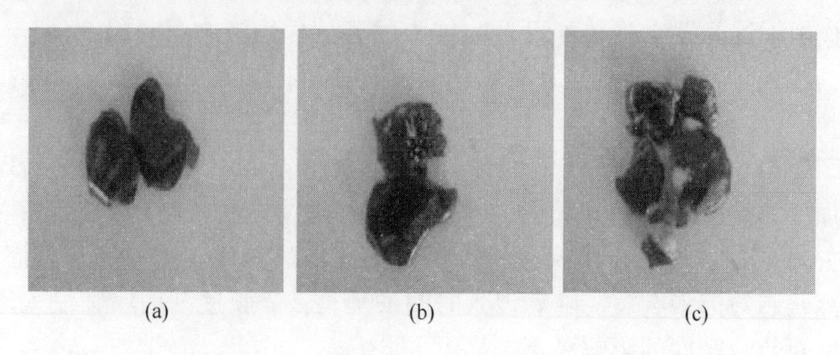

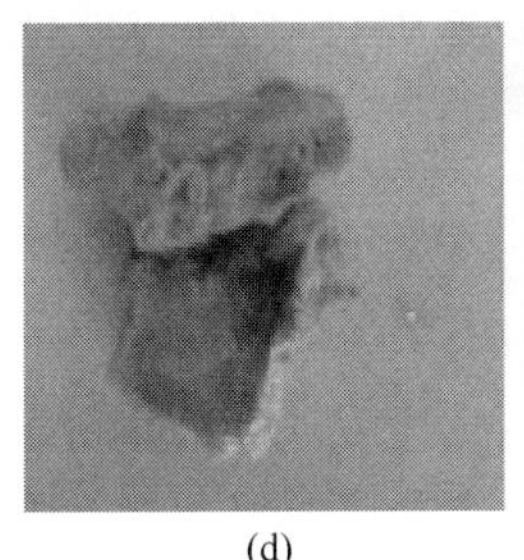

(d)

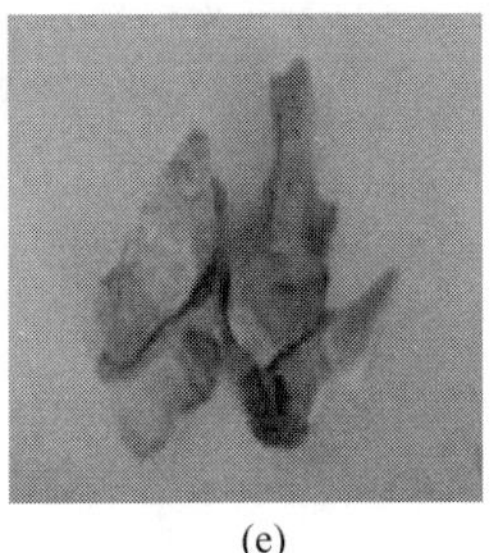

(e)

图 7-6 无氟渣固态渣膜

（a）$R=0.9$；（b）$R=1.1$；（c）$R=1.3$；（d）$R=1.4$；（e）$R=1.7$

表 7-5 固态渣膜特征

渣号	碱度 R	渣膜状况	平均渣膜厚度/mm	析晶率/%
1 号	0.9	全玻璃质，黑色	6.08	0
2 号	1.1	全玻璃质，黑色	6.28	0
3 号	1.3	基本为玻璃态，局部少量析晶	5.96	5
4 号	1.4	晶体质渣膜，结晶器壁侧有少量玻璃	5.25	90
5 号	1.5	晶体质渣膜，结晶器壁侧有极少量玻璃	6.1	95
6 号	1.7	全部结晶态，深灰色和灰白色两种颜色，后者较多	9.73	100

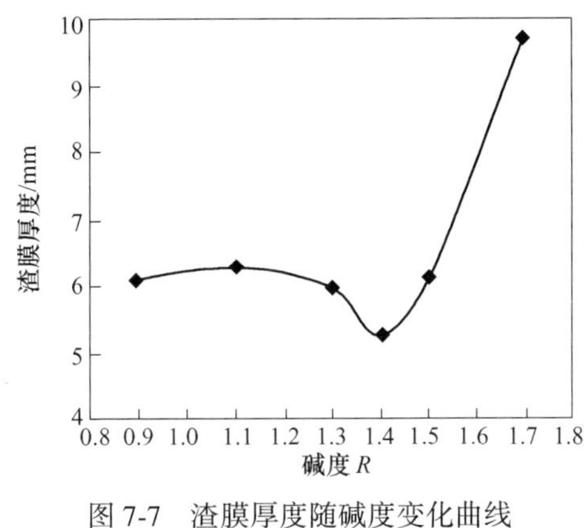

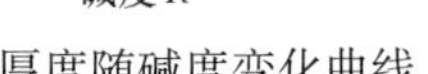

图 7-7 渣膜厚度随碱度变化曲线

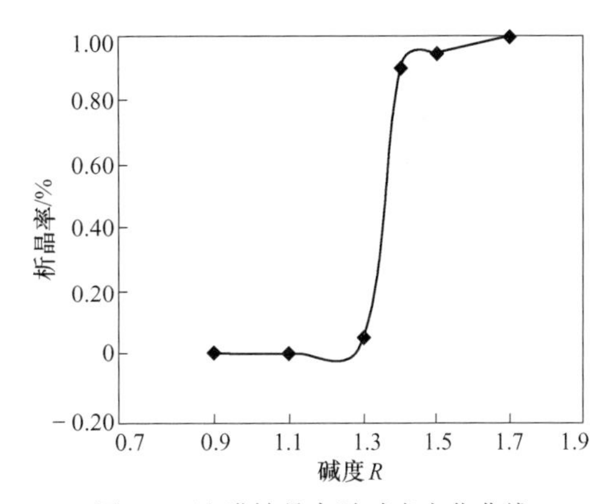

图 7-8 渣膜结晶率随碱度变化曲线

由图 7-6~图 7-9 及表 7-5 可知，在冷却水流量保持 16.7cm^3/s 不变的前提下，无氟实验渣 $R<1.3$ 时，基本呈现玻璃态，为玻璃渣；而碱度 $R\geqslant1.4$ 时，结晶率达 90%以上，渣膜以结晶态为主，为结晶渣。$R<1.3$ 时，随碱度增加，渣膜厚度有减小的趋势，这是因为碱度增加，提供更多的 O^{2-}，使熔渣中复杂的硅氧络离子团解体，玻璃渣黏度降低，分子黏附力减小，渣膜变薄，这可以解释 7.2.2 节中 $R<1.3$

时，随 R 增加，渣膜传热增快的趋势。碱度 $R \geqslant 1.4$ 时，随碱度增加，结晶渣黏度降低，分子迁移阻力减小，利于晶体的析出，结晶率及结晶温度迅速提高，渣膜厚度也迅速增加，穿过渣膜的热流密度逐渐降低，传热减缓。

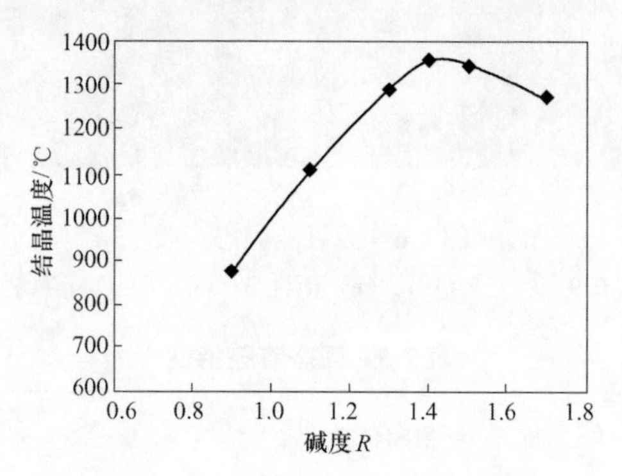

图 7-9　结晶温度随碱度变化曲线

因此，固态渣膜厚度是影响传热的重要因素，渣膜越厚，传热越缓慢。比较碱度为 1.3 和 1.4 的两个无氟渣试样，碱度 1.3 的为玻璃渣（渣膜厚度：5.96mm），碱度 1.4 的为结晶渣（渣膜厚度：5.25mm），后者比前者的渣膜厚度小，传热应较快，但实际上，传热较缓慢，这说明在等厚度情况下，结晶质渣膜比玻璃质渣膜的传热要缓慢。

7.2.4　碱度对结晶矿物组成的影响

通过 XRD 检测了碱度分别为 1.4、1.5、1.7 实验渣的固态渣膜（其中碱度为 1.7 渣膜由于有两种颜色的矿相，分别对其进行了检测）。XRD 检测结果见图 7-10～图 7-12。

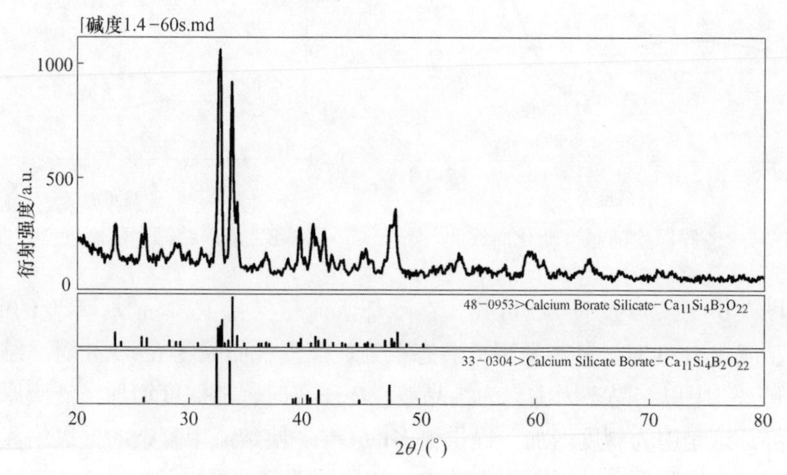

图 7-10　碱度 1.4 固态渣膜 XRD 曲线

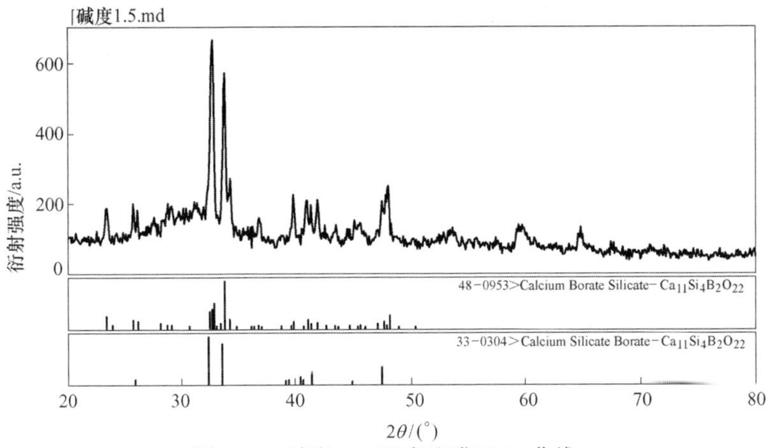

图 7-11 碱度 1.5 固态渣膜 XRD 曲线

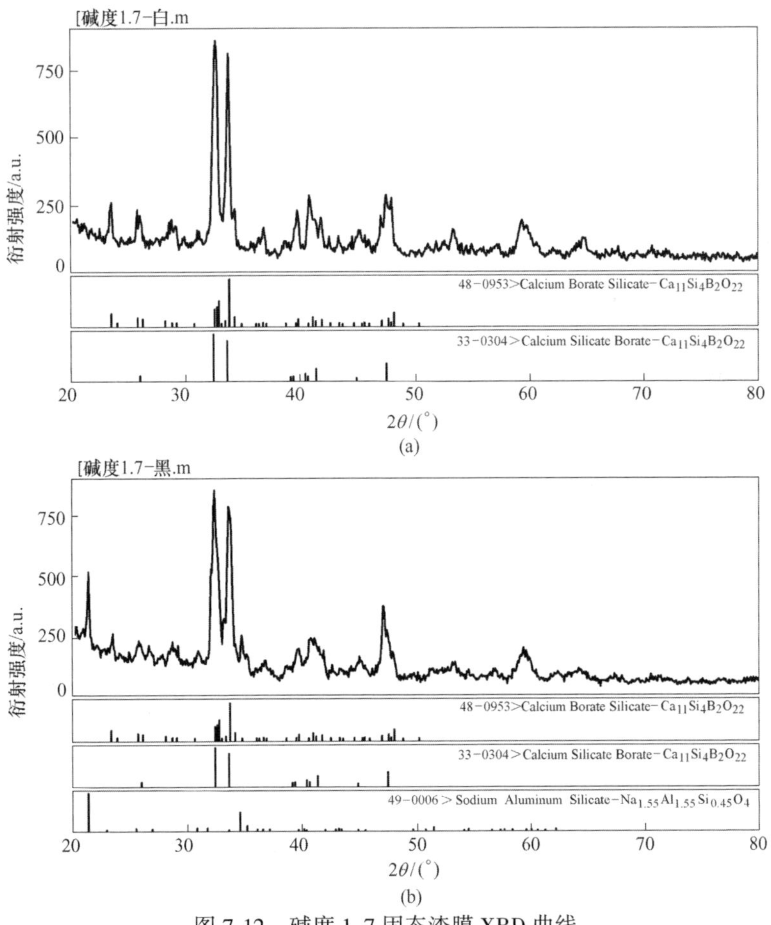

图 7-12 碱度 1.7 固态渣膜 XRD 曲线

（a）灰白色渣膜；（b）深灰色渣膜

由图 7-10~图 7-12 XRD 结果可知：碱度为 1.4 和 1.5 的无氟渣固态渣膜，其结晶矿相均为硅硼酸钙或硼硅酸钙，分子式：$Ca_{11}Si_4B_2O_{22}$（即 $11CaO \cdot 4SiO_2 \cdot B_2O_3$），而碱度为 1.7 的灰白色渣膜部分，结晶矿物仍为硅硼酸钙，深灰色部分，结晶矿物除了硅硼酸钙或硼硅酸钙以外，还析出了少量钠铝硅酸盐（分子式：$Na_{1.55}Al_{1.55}Si_{0.45}O_4$）。故该无氟渣系析出的主要结晶矿物为硅硼酸钙或硼硅酸钙，碱度变化对析出矿物的种类没有太大影响。

7.3 本章小结

通过自制的模拟铜结晶器实验装置，模拟了结晶器固态渣膜的形成过程，研究了无氟渣渣膜形成过程中渣膜状态及热流密度的变化及不同碱度无氟渣的传热情况，并利用差热分析、扫描电镜、X 射线衍射等分析检测手段研究了无氟渣的结晶性能、结晶矿相及渣膜的微观结构。得出以下结论：

(1) 随着模拟铜结晶器实验装置浸入渣液时间的延长，结晶器壁渣膜呈逐渐增厚的趋势，但结晶质渣膜的成长速度比玻璃质渣膜要快得多，穿过固态渣膜的热流密度呈下降趋势，尤其在浸入渣液 25s 内，热流密度的下降趋势更为显著。

(2) 本书研究体系无氟渣析晶矿物为硅硼酸钙，固态渣膜形成过程中结晶矿物种类并未发生变化，碱度变化对析出矿物的种类也没有太大影响。

(3) 渣膜传热是固态渣膜中的气孔、固态渣膜中玻璃相比例和渣膜厚度三方面因素综合作用的结果；固态渣膜厚度是影响传热的重要因素，在等厚度情况下，结晶质渣膜比玻璃质渣膜的传热要缓慢。

(4) 在无氟渣固态渣膜形成的前 30s 内，碱度对渣膜传热的影响较为显著。$R<1.3$ 时，随碱度增加，热流密度呈上升趋势；碱度为 1.3 时，热流密度达到峰值，传热最快；而 $R>1.3$ 时，热流密度又逐渐下降，渣膜传热减慢。

参考文献

[1] Holloway M, Sykes J M. Studies of the corrosion of mild steel in alkali-activated slag cement mortars with sodium chloride admixtures by a galvanostatic pulse method [J]. Corrosion Science, 2005, 47 (12): 3097~3110.

[2] David Hester, Ciaran Mcnally, Mark Richardson. A Study of the influence of slag alkali level on the alkali-silica reactivity of slag concrete [J]. Construction and Building Materials, 2005, 19 (9): 661~665.

[3] Niu Quanlin, Feng Naiqian. Effect of modified zeolite on the expansion of alkaline silica reaction [J]. Cement and Concrete Research, 2005, 35 (9): 1784~1788.

[4] Topkaya Y, Sevinc N, Günaydın A. Slag treatment at kardemir integrated iron and steel works [J]. International Journal of Mineral Processing, 2004, 74 (1): 31~39.

[5] Hideo Mizukami, Minoru Ishikawa, Takeyuki Hirata. Dissolution mechanism of fluorine in aqueous solution from fluorine containing synthetic slag [J]. ISIJ International, 2004, 44 (3): 623~629.

[6] 焦有，杨占平．氟的危害及控制 [J]. 生态学杂志，2000，19 (5)：67~70.

[7] 陈思怀，黎晓敏，魏光河．高氟水的危害及控制 [J]. 畜禽业，2003，154 (2)：53~54.

[8] 胡斌，郑继东，韩星霞．氟的环境化学特性及其生物效应 [J]. 焦作矿业学院学报，1995，14 (6)：1~6.

[9] 韩文殿，仇圣桃，朱果灵．无氟结晶器保护渣的发展 [J]. 钢铁研究，2003，31 (2)：53~56.

[10] 张金文．铁水预处理加入萤石量与排氟量的关系分析 [J]. 包钢科技，1994，2：61~62.

[11] 赵国庆．实施总量控制逐步减少包钢外排氟量 [J]. 包钢科技，1999，2：36~38.

[12] 孙丽，蔡隆九，宝文宏，裴翠红．包钢的氟污染及其影响 [J]. 包钢科技，2002，28 (2)：67~ 70.

[13] 张保生．包头市大气氟化物超标排污费征收标准研究 [J]. 内蒙古环境保护，1998，10 (4)：28~31.

[14] Hideo Mizukami, Minoru Ishikawa. Immobilization mechanism of fluorine in aqueous solution from road material containing synthetic hot metal pretreatment slag by shaking test [J]. ISIJ International, 2004, 44 (3): 630~635.

[15] Hongming Wang, Guirong Li, Qixun Dai. Effect of additives on viscosity of IATS refining ladle slag [J]. ISIJ International, 2006, 46 (5): 637~640.

[16] Vanniekerk W H, Dippenaar R J. Thermodynamic aspects of Na_2O and CaF_2 containing lime-based slags used for desulphurization of hot-metal [J]. ISIJ International, 1993, 33 (1): 59~65.

[17] Grant N J, Chipman J. Trans. AIME, 1946, 167: 134~149.

[18] Kor G J W. Metall. Trans. B, 1977, 8: 107~111.

[19] 王贵平，张华书，罗涛，刘爱华．铁水预处理喷粉操作实验研究［J］．炼钢，2005，21（2）：38~41.

[20] 任昌华，彭开刚，王迎五．320t鱼雷罐脱硫工艺铁水回硫因素控制［J］．炼钢，2001，17（4）：15~17.

[21] 李宏鸣．宝钢铁水脱硫的创新与发展［J］．钢铁．1999，34（增刊）：543~546.

[22] 邓崎琳，萧忠敏，刘振清，等．铁水脱硫预处理技术在武钢的应用［J］．炼钢，2002，18（1）：9~15.

[23] 徐国涛，杜鹤桂，周有预，等．脱硫过程中脱氧作用的分析与实验验证［J］．炼钢，2000，16（2）：44~47.

[24] 梁津原，等．太钢科技，1992，（3）：11.

[25] Marukawa K，et al. TakaBuTsu Overseas，5（1）：28.

[26] Matsuo T，et al. 1990 Steelmaking Coference Proceedings，115.

[27] Kurose Y，et al. 1989 Steelmaking Coference Proceedings，277.

[28] Suitoh M，et al. Kawasaki Steel Technical Report，1990，24（4）：16.

[29] Werme A. 国外钢铁，1988，（10）：1.

[30] Pak J J. Iron and Steelmaker，1994，（10）.

[31] 刘炀，王铁晨．电炉采用石灰石单渣冶炼工艺的研究［J］．钢铁研究，2004，141（6）：7~8.

[32] 张朝晖．电弧炉炼钢合成渣的应用研究［J］．铸造技术，2001，1：3~5.

[33] 刘守平，文敏，龙贻菊．重钢转炉渣性能测试及铁资源选别方法的探讨［J］．炼钢，2002，18（2）：48~51.

[34] 徐玉洲译．用钢渣转炉渣压实法改良地基［J］．川崎制铁技报，1988，1：27~33.

[35] 徐兵，徐永斌．宝钢转炉渣-水泥生产的绿色资源［J］．中国水泥，2005，8：60~62.

[36] 成正福，汪正洁．宝钢烧结配加转炉渣工业试验［J］．宝钢技术，1998，5：1~4.

[37] 郭上型，董元篪，陈二保，张友平．返回转炉钢渣对铁水脱硅、脱磷的影响［J］．炼钢，2002，14（6）：10~13.

[38] 郭上型，郭湛．转炉渣对铁水预脱硅脱磷的实验研究［J］．上海金属，2006，28（4）：31~34.

[39] 沙骏，朱苗勇，万利成．转炉溅渣护炉炉渣物性研究［J］．炼钢，2001，17（4）：36~39.

[40] 赵保国，毛福来，汤潜，王立军．LF精炼造渣工艺研究［J］．包钢科技，2003，29：24~27.

[41] 吕同军，倪友来，张雪松，李绪宝．50t钢包炉（LF）用精炼渣的研制［J］．特殊钢，2002，23（5）：41~42.

[42] 朱立新，马志刚，雷思源，王士松．宝钢300t LF渣精炼技术的开发与应用［J］．钢铁，2004，39（4）：21~23.

[43] 蒋德阳，刘巍．LF炉精炼工艺和效果的研究［J］．湖南冶金，2004，32（4）：21~24.

[44] 张旭升，关勇，吕春风，张洪峰，王军．新型LF炉精炼渣的研制与应用［J］．鞍钢技

术，2006，2：33~37.

[45] 汤曙光 . LF-VD 精炼渣组成对冶金效果的影响 [J]. 炼钢，2001，17 (4)：29~31.

[46] Zhang S Y, Wu X, Chen X L, He M, Cao YG, Song Y T. Phase relations in the BaO-B_2O_3-TiO_2 system and the crystal structure of $BaTi(BO_3)_2$ [J]. Materials Research Bulletin, 2003, 38：783~788.

[47] 德国钢铁工程师协会 . 渣图集 [M]. 王俭等译 . 北京：冶金工业出版社，1989.

[48] 张东力，陈树国，王明磊 . LF 低氟泡沫渣精炼性能实验研究 [J]. 湖南冶金，2004，32 (1)：19~21.

[49] 王书桓，唐国章，等 . 12CaO·$7Al_2O_3$型精炼合成渣物性与脱硫试验 [J] . 河北理工学院学报，2001，23 (3)：9~13.

[50] Turkdogan E T, et al. Ironmaking and Steelmaking. 1985, 112 (2)：132~143.

[51] Li Guangqiang, Tasuku Hamano, Fumitaka Tsukihashu. The effect of Na_2O and Al_2O_3 on dephosphorization of molten steel by high basicity MgO saturated CaO-FeO_x-SiO_2 slag [J]. ISIJ International, 2005, 45 (1)：12~18.

[52] 张贺艳，姜周华，王文忠 . BaO 和 Na_2O 对 LF 精炼钢水回磷的影响 [J]. 特殊钢，2002，23 (1)：14~16.

[53] 祝贞学，李桂荣，王宏明 . BaO、B_2O_3对 CaO 基精炼渣熔化性能及脱硫能力的影响 [J]. 北京科技大学学报，2006，28 (8)：725~727.

[54] Tasuku Hamano, Fumitaka Tsukihashi. The effect of B_2O_3 on dephosphorization of molten steel by FeO_x CaO-MgO-satd. -SiO_2 slags at 1873 K [J]. ISIJ International, 2005, 45 (2)：159~165.

[55] Souhei Sukenaga, Noritaka Saito, Kiyoshi Kawakami. Viscosities of CaO-SiO_2-Al_2O_3-(R_2O or RO) melts [J]. ISIJ International, 2006, 46 (3)：352~358.

[56] Shigeko Nakamurfau, Tsukihashaind Nobuosano. Phosphorus partition between CaO_{satd} ~ BaO-SiO_2-FetO slags and liquid lron at 1873K [J]. ISIJ International, 1993, 33 (1)：53~58.

[57] 张传兴. 连铸用无氟保护渣的研究 [J]. 耐火材料，1998，(2)：121~122.

[58] 韩文殿，仇圣淘，等. 无氟结晶器保护渣的发展 [J]. 钢铁研究，2003，(2)：53~56.

[59] 曾建华. 连铸保护渣组成与性能关系的研究状况 [J]. 钢铁钒钛，2002，23 (4)：47~52.

[60] 朱立光. 高速连铸保护渣黏度特性的研究 [J]. 钢铁，2000，(11)：23~26.

[61] 朱立光，等 . 连铸结晶器内保护渣渣膜状态的数学模拟 [J]. 北京科技大学学报，1999，(1)：13~16.

[62] 中森辛雄ほか. 连续铸造の铸型と铸片间の摩擦力测定と解析结果 [J]. 铁と钢，1984，(9)：1262~1270.

[63] 唐萍，文光华. CSP 薄板坯连铸低碳钢结晶器保护渣的研究 [J]. 钢铁，2003，(3)：15~17.

[64] 朱立光，王硕明. 高速连铸保护渣结晶特性的研究 [J]. 金属学报，1999，(12)：1280~1283.

[65] 迟景灏，等. 连铸保护渣 [M]. 沈阳：东北大学出版社，1993.
[66] 中户参，等. 影响结晶器内润滑的保护渣的物性及理论分析 [J]. 铁と钢，1988，(7)：70~77.
[67] Lee I R. Development of mould powder for high speed continuous casting [C] //Conference on Continuous Casting of Steel and Developing C ountries. Beijing，1993，814.
[68] Zhang S Y，et al. Phase relations in the BaO-B_2O_3-TiO_2 system and the crystal structure of $BaTi(BO_3)_2$[J]. Materials Research Bulletin，2003，38：783~788.
[69] Fox A B，et al. Dissolution of ZrO_2，Al_2O_3，MgO and $MgAl_2O_4$ particles in a B_2O_3 containing commercial fluoride-free mould slag [J]. ISIJ International，2004，44 (5)：836~845.
[70] 杨吉春，王宏明，李桂荣. Li_2O-Na_2O-K_2O-BaO 对 CaO 基钢包渣系性能影响的实验研究 [J]. 炼钢，2002，18 (2)：35~38.
[71] Arkadiy B，et al. Study of phase equilibria in system BaO-B_2O_3 from 32 to 67 mol% B_2O_3 [J]. Journal of Crystal Growth，2005，275：301~305.
[72] 祝贞学，王宏明，等. Li_2O 和 B_2O_3 对精炼渣脱硫性能影响的试验研究. 上海金属，2006，28 (19)：19~21.
[73] 汪大洲. 钢铁生产中的脱磷 [M]. 北京：冶金工业出版社，1986.
[74] 黄希祜. 钢铁冶金原理 [M]. 3 版. 北京：冶金工业出版社，2002.
[75] 赵俊学. 电弧炉钡系渣不锈钢氧化脱磷应用基础研究 [D]. 北京科技大学，2000.
[76] Aleksandra Drizo，et al. Phosphorus removal by electric arc furnace steel slag and serpentinite [J]. Water Research，2006，40：1547~1554.
[77] 徐宗亮. 铁液中氧含量与炉渣光学碱度关系的研究 [J]. 重庆大学学报，1995，18 (5)：39~43.
[78] Duff J A. An interpretation of glass chemistry interms of optical basity concept [J]. J. Non-Cryst. Solids，1976，21：373~410.
[79] Sommerville D，Yang Yindong. Optical basicity for control of slags and fluxes [J]. Steel Technology International，1994：117~124.
[80] 杨学民，刘天中，郭占成，等. 冶金炉渣磷酸盐容量指数与碱度的关系 [J]. 化工冶金，1995，16 (3)：194~204.
[81] 吴伟，马篙，邹宗树，等. 1600℃高性渣与钢液间磷的分配比 [J]. 材料与冶金学报，2003，2 (2)：83~87.
[82] 杨学民. 光学碱度及其在冶金中的应用 [J]. 化工冶金，1994，15 (1)：87~94.
[83] Mitchell F，et al. Optical basicity of metallurgical shags：new computer based system for data visralisation and analysis [J]. Ironmaking and Steelmaking，1997，24 (4)：306~320.
[84] Lcrey C，Serje R J，Gregory L，He Qingiin. Optical basicity：a flexible basis for control in steelmaking [C]//3rd International conference on molten stags and fluxes，1989：157~162.
[85] 孙中强，姜茂发，梁连科，等. LF 精炼过程中顶渣硫容量、分配比和脱硫率的确定 [J]. 钢铁研究学报，2004，16 (3)：23~26.
[86] 罗果萍，孙国龙，张学锋，等. 包钢特殊矿冶炼高炉渣脱硫的热力学和动力学. 铁研究

学报.2007，19（9）：9~13.

[87] 李素芹，李士琦，朱荣，等．高硫容量含 BaO 超低硫钢精炼脱硫渣系［J］. 特殊钢，2004，25（2）：22~24.

[88] 李素芹，朱荣，李士琦．含 BaO 渣系精炼极低硫钢的动力学［J］. 北京科技大学学报，2003，25（6）：520~523.

[89] Aurelio Hernandeaz. Dephosphorization and desulfurization pretreatment of molten iron with CaO-SiO_2-CaF_2-FeO-Na_2O slags［J］. ISIJ International，1998，38（2）：126~131.

[90] Margareta A T，et al. A thermodynamic and kinetic model of reoxidation and desulphurisation in thc ladle furnace［J］. ISIJ International，2000，40（1）：1080~1088.

[91] Stefan Pirker，et al. CFD，a design tool for a new hot metal desulfurization technology［J］. Elsevier，2002，26：337~350.

[92] 李素芹，李士琦，朱荣．极低硫钢精炼渣系硫容量热平衡试验研究［J］. 包头钢铁学院学报，2002，21（3）：223~227.

[93] 周宏，吴晓崔，崔崐．硫在 CaO-Al_2O_3系熔渣与钢液间的分配率［J］. 炼钢，1995，30（6）：14~21.

[94] 张彩军，朱立光，蔡开科．LF 精炼渣脱硫的理论与工业试验研究［J］. 河南冶金，2006，14（4）：9~11.

[95] 林宪喜，祝仰勇．从脱硫原理分析影响 HPF 法脱硫效率的因素［J］. 山东冶金，2005，27：149~151.

[96] Hao Ning，et al. Application of the sulphide capacity theory on refining slags during LF treatment［J］. Journal of University of Science and Technology Beijing，2006，13（2）：112~116.

[97] Shiro Banya，et al. Sulphide capacity and sulphur solubility in CaO-Al_2O_3 and CaO-Al_2O_3-CaF_2 slags［J］. ISIJ International，2004，44（11）：1810~1816.

[98] Mitsutaka Hino，Susumu Kitagawa，Shiro Banya. Sulphide capacities slags of CaO-Al_2O_3-MgO and CaO-Al_2O_3-SiO_2［J］. ISIJ International，1993，33（1）：36~42.

[99] Jiang Guochang，Xu Kuangdi，Wei Shoukun. Some advanceson the theoretical research of slag［J］. ISIJ International，1993，33（1）：20~25.

[100] Wang Chengli，Lu Qing，Zhang Shuhui，Li Fumin. Study on sulphide capacity of CaO-SiO_2-Al_2O_3-MgO-FeO slags［J］. Journal of University of Science and Technology Beging，2006，13（3）：213.

[101] 战东平，姜周华．CaO-Al_2O_3-CaF_2-MgO-SiO_2五元预熔渣系钢水深脱硫实验研究［J］. 炼钢，2002，18（6）：33~36.

[102] 中国国家标准化管理委员会．耐火材料抗渣实验方法．GB/T 8931—2007.

[103] 刘清才，许原，陈登福．含钛熔渣对镁碳质耐火材料的侵蚀［J］. 耐火材料，2003，37（6）：316~318.

[104] 李连洲译．耐火材料耐侵蚀试验方法［J］. 国外耐火材料，2000，2：59~60.

[105] 缪春波译．钢包用 MO-C 耐火材料的侵蚀［J］. 国外耐火材料，2003，28（6）：33~38.

[106] 李林，洪彦若，孙加林，等．低碳 MgO-C 质耐火材料的抗熔渣侵蚀行为［J］．耐火材料，2004，38（5）：297~301.
[107] 李小华．新型耐火材料抗渣侵蚀性的定量分析和试验方法［D］. 北京科技大学，2005.
[108] 叶大伦．实用无机物热力学数据手册［M］. 北京：冶金工业出版社，1981.
[109] 梁英教，车荫昌．无机物热力学数据手册［M］. 沈阳：东北大学出版社，1993.
[110] 张贺林，朱果灵. 薄板坯连铸用保护渣［J］. 钢铁，1995，30（2）：23~26.
[111] 朱苗勇. 现代冶金学（钢铁冶金卷）［M］. 北京：冶金工业出版社，2005.
[112] 王健，关勇. 连铸保护渣技术的发展和应用［J］. 鞍钢技术，2004，(2)：4~13.
[113] Sankaranarayanan S Raman，Apelian D. Evaluation of mold powder performance via crystallization analysis［C］//1992 Steelmaking Conference Proceedings，607.
[114] 李桂荣，王宏明，等. 含 B_2O_3 无氟连铸保护渣物理性能的研究［J］. 特殊钢，2005，26（3）：12~14.
[115] 董方，王宝峰，等. Li_2O 对连铸保护渣熔化性能的影响［J］. 包头钢铁学院学报，2004，23（3）：200~202.
[116] 李桂军，杜德信，迟景灏. Li_2O 在保护渣中的作用［J］. 钢铁钒钛，1996，17（4）：15~17.
[117] 迟景灏，等. 连铸保护渣［M］. 沈阳：东北大学出版社，1993.
[118] 唐萍，文光华. CSP 薄板坯连铸低碳钢结晶器保护渣的研究［J］. 钢铁，2003，（3）：15~17.
[119] 朱立光，王硕明. 高速连铸保护渣结晶特性的研究［J］. 金属学报，1999，（12）：1280~1283.
[120] 唐晓燕译. 对结晶器润滑有影响的连铸保护渣的物性及其理论分析［J］. 包钢情报，1990，(1)：33~41.
[121] 杨晓江. 薄板坯连铸结晶器保护渣技术［J］. 炼钢，2002，18（4）：47~52，59.
[122] 李桂荣，王宏明，李敬生，等．含 B_2O_3 无氟连铸保护渣物理性能的研究［J］. 特殊钢，2005，26（3）：12~14.
[123] 郑毅，刘志宏，席常锁，等．结晶器保护渣渣膜结晶矿相及其影响因素［J］. 连铸，2007，(6)：42~45.
[124] 谢兵．连铸结晶器保护渣相关基础理论的研究及其应用实践［D］. 重庆大学，2004.
[125] 文光华，唐萍，等．无氟板坯连铸结晶器保护渣的研究［J］．钢铁，2005，40（7）：29~32.
[126] 赵艳红，唐萍，文光华，等．保护渣碱度对渣膜传热的影响［J］. 过程工程学报，2008，8（增刊 1）：205~209.
[127] 郑伟栋，盖领军，张春杰，等．保护渣对结晶器热流的影响［J］. 河北冶金，2006，(5)：25~27.
[128] 何环宇，韩秋影，张洪波．保护渣对结晶器铜板热流影响的试验研究［J］. 炼钢，2006，22（3）：12~14.
[129] 韩文殿，仇圣桃，干勇，等．含 TiO_2 无氟保护渣的传热研究及生产实践［J］. 钢铁研究

学报，2006，18（1）：9~10.

[130] Cho J W, Shibata H. Effect of solidification of mold fluxes on the heat transfer in casting mold [J]. Journal of Non-Crystalline Solids, 2001, 282: 110~117.

[131] Emi T, Fredriksson H. High-speed continuous casting of peritectic carbon steels [J]. Materials Science and Engineering, 2005, A413~414: 2~9.

[132] 苗胜田，文光华，唐萍，等．无氟连铸结晶器保护渣的结晶性能 [J]. 钢铁研究学报，2006，18（10）：20~22.

[133] 韩文殿，仇圣桃，张兴中，干勇．结晶器无氟保护渣渣膜的传热性和矿物结构 [J]. 钢铁研究学报，2007，3，19（3）：14~16.